烟台现代果业科学研究院　组织编写

烟富8（神富一号）苹果及配套生产技术

隋秀奇　主编

中原农民出版社
·郑州·

图书在版编目（CIP）数据

烟富8（神富一号）苹果及配套生产技术 / 隋秀奇主编. —郑州：
中原农民出版社，2020.10
ISBN 978-7-5542-2337-6

Ⅰ．①烟… Ⅱ．①隋… Ⅲ．①苹果-果树园艺 Ⅳ.
①S661.1

中国版本图书馆CIP数据核字（2020）第190659号

烟富8（神富一号）苹果及配套生产技术

YANFU 8 (SHENFU YI HAO) PINGGUO JI PEITAO SHENGCHAN JISHU

出 版 人：刘宏伟
策划编辑：段敬杰
责任编辑：侯智颖
责任校对：王艳红
责任印制：孙　瑞
装帧设计：巨作图文

出版发行：中原农民出版社
　　　　　地址：郑州市郑东新区祥盛街 27 号　　邮编：450016
　　　　　电话：0371-65713859（发行部）　0371-65788651
　　　　　（天下农书第一编辑部）
经　　销：全国新华书店
印　　刷：河南省诚和印制有限公司
开　　本：889mm×1194mm　1/16
印　　张：11.25
字　　数：280 千字
版　　次：2021 年 7 月第 1 版
印　　次：2021 年 7 月第 1 次印刷
定　　价：98.00 元

编 委 会

主 编 简 介

隋秀奇，男，1966 年 2 月出生于山东省乳山市，汉族，中共党员，高级农艺师。1992 年 7 月毕业于莱阳农学院（现青岛农业大学），大学本科。曾在烟台市果树科学研究所、烟台市农业科学研究院工作。

现任烟台现代果业科学研究院院长、烟台现代果业发展有限公司董事长，山东省农村技术协会果树脱毒种苗专业委员会主任委员，山东省农村专业技术协会草莓专业委员会主任委员、烟台市农业标准化技术委员会委员，烟台市农学会种子分会副会长兼秘书长，中国农业大学园艺学院研究生兼职指导导师，山东工商学院工商管理学院校外导师，《果农之友》编委，中原乡村振兴战略委员会特聘研究员。2012 年度获烟台民间模范；2019 年被授予山东省农村专业技术协会先进工作者；2020 年 6 月入围中央电视台《非凡匠人》大

型电视纪实类节目；2020 年 11 月，获 2020 年度中国苹果产业风云人物。

近 30 年来，先后主持苹果新品种——烟富 8、神富 2 号、神富 3 号、神富 6 号的选育工作。2013 年烟富 8 通过山东省农作物品种审定委员会审定，获得审定证书；短枝型苹果新品种——神富 6 号，2017 年 2 月通过山东省林木品种审定委员会审定，获得林木良种证。4 个苹果新品种在 2017 年 12 月获得非主要农作物品种登记证书。其中，烟富 8 和神富 6 号在 2018 年 4 月获得植物新品种权证书，拥有了自主知识产权。获得市级以上科研成果奖 2 项。

主编或参加编写了《中外果树树形展示及塑造》《一本书明白苹果速丰安全高效生产关键技术》《新编梨树病虫害防治技术》《最新甜樱桃栽培实用技术》《当代苹果》《精品苹果是怎么生产出来的》《图说桃高效栽培关键技术》等多部专业书籍。

先后在《果农之友》《河北果树》《山西果树》《烟台果树》《西北园艺》《分子植物育种》等刊物上发表了《苹果矮化密植栽培配套技术》《苹果 UV-B 受体基因 *UVR8* 的克隆及生物信息学分析》等 30 多篇论文。

烟台现代果业科学研究院简介

烟台现代果业科学研究院坐落于西洋苹果在中国的发祥地——山东省烟台市莱山区，成立于2007年，现有职工100多人，其中，高级职称30余人（含外聘与兼职25人），中级职称18人。主要从事果树新品种选育、苗木繁育、新技术研究与推广及电子商务服务等。近年来，在政府相关部门的指导下，依托烟台苹果资源优势，依靠科技进步，加大创新力度，育成多个苹果、大樱桃、桃、草莓等优良品种，获得多项自主知识产权。在提高自身效益的基础上，辐射带动果农共同发展，取得了良好的业绩。

烟台现代果业科学研究院设有组培室、遗传育种室、果树栽培生理与矿质营养实验室、果树品质与食品安全监测实验室、果树栽培与植保研究室、苗木繁育中心、苗木开发服务中心、网络开发中心、脱毒组培研发中心和技术培训中心。自有果树品种原种圃、品种资源圃、无病毒苗木采穗圃、苹果示范园等。

烟台现代果业科学研究院目前已有4个苹果新品种获得农业农村部农作物品种登记证书，其中烟富8、神富2号、神富6号3个苹果新品种已获"植物新品种权证书"。烟富8苹果新品种，2013年通过山东省农作物品种审定委员会审定，获得审定证书；自主选育的短枝型苹果新品种神富6号，2017年2月通过山东省林木品种审定委员会审定，并获得"林木良种证"。

烟台现代果业科学研究院脱毒组培研发中心，拥有1 000多平方米组培实验室，4座现代化炼苗温室，10亩隔离网室。经过多年攻关，成功攻克了M_9T_{337}生根难的世界性难题。在全国率先提出的苗木"砧穗双脱毒"技术，已经成功脱毒烟富8（神富一号）、神富6号、M_9T_{337}、八棱海棠等品种和砧木。年可生产优质脱毒苗木200多万株，对我国苹果产业上台阶、上档次，产生了较大的推动作用。2016年被烟台市农业局、烟台市财政局确定为"烟台苹果"优质苗木繁育基地。目前，脱毒组培研发中心已开展草莓、花卉、蔬菜等作物的组培苗生产。

烟台现代果业科学研究院果业通网络媒体平台是北方落叶果树领域的知名网络新媒体平台，每周三晚上都会有果业方面的专家做客果业通网络媒体平台，给果农答疑解惑。广大果农、果园主、技术专家等通过果业通网络平台互动，解决果园管理难题。果业通网络平台被果农朋友誉为最接地气的农业类网络平台。

烟台现代果业科学研究院是青岛农业大学研究生实习基地，苹果矮砧密植集约栽培技术推广项目示范基地。研究院将秉承责任、创新、专业、睿智的发展理念，加大科技投入，完善育种体系，培育优良的果树品种，生产优质苗木，满足社会需要，为产业振兴服务，为国内外园艺产品的提质增效做出自己的贡献。

前　言

　　"产业兴旺、生态宜居、乡风文明、治理有效、生活富裕"是农业和农村科技工作者前进的目标和方向。苹果作为高效经济作物，多年来种植效益较好，不少地方把发展苹果产业作为精准脱贫、乡村振兴的重要抓手，带动了苹果产业的较快发展。

　　苹果（*Malus Pumila*）是双子叶蔷薇科苹果亚科，苹果属植物，落叶乔木，自花结实率低，原产于欧洲和中亚及我国新疆地区。中国古代的林檎（奈、花红）等被认为是中国苹果。中国苹果汉代有记载，魏晋有栽培，有 2 000 多年栽培历史。《齐民要术》有"林檎树，以正月二月中，翻斧斑驳椎之，则饶子"的记载。宋代已有咏苹果诗，如李调元的《南海百咏抄》："虞翻宅里起秋风，翠叶玲珑剪未工，错认如花枝上艳，不知荚子缀猩红。"明代李时珍说苹果："洁可玩，香闻数步。"明代万历年间的农书《群芳谱·果谱》中有"苹果"词条称："苹果，出北地，燕赵者尤佳。生青，熟则半红半白，或全红，光洁可爱，香闻数步。味甘松，未熟者食如棉絮，过熟又沙烂不堪食，惟八九分熟者最佳。"许多中国农学史、果树史专家认为这是汉语中最早使用"苹果"一词。

　　目前，我国栽培的苹果，是罗马人 T. A. 奈特氏(1759—1838)利用自然杂交实生苗选育的苹果新品种。1871 年美国传教士约翰·倪维思（J.L.Nevius）夫妇将西洋苹果引入山东烟台，在烟台毓璜顶南山山麓置农田 10 亩，创建果园，题名"广兴果园"，开创了我国栽培西洋苹果的新纪元，因此，烟台地区名副其实地成为了西洋苹果的发祥地。1923 年河南灵宝实业家李工生将苹果引进河南，开启了中原地区栽培苹果的历史。民国以后，西洋苹果逐渐在我国市场上占据主要地位，我国苹果因果实小、产量低、易沙化逐渐被淘汰，种植范围不断缩小，仅河北省怀来地区及东北三省有少量栽培。

　　苹果是喜低温干燥的温带果树，要求冬无严寒，夏无酷暑。适宜的温度范围是年平均气温 9 ~ 14℃，冬季极端低温不低于 −12℃，夏季最高月均温不高于 20℃，≥ 10℃年积温 5000℃左右，生长季节（4 ~ 10月）平均气温 12 ~ 18℃，冬季需 7.2℃以下低温 1 200 ~ 1 500 h，才能顺利通过自然休眠。一般认为年平均温度在 7.5 ~ 14℃的地区，都可以栽培苹果。生长期（4 ~ 10月）平均气温在 12 ~ 18℃，夏季（6 ~ 8月）平均气温在 18 ~ 24℃，最适合苹果的生长。

　　苹果在生长期需降水量为 500 ~ 800 mm，4 ~ 9月降水量在 450 mm 以下的地区则需要灌水，中国北方降水量分布不均，70% ~ 80% 集中在 7 ~ 8月，春季则水量不足，因此在建园选地时，必须考虑灌溉条件和保墒措施，同时也要注意雨季排水。苹果树是喜光树种，光照充足，才能生长正常。金冠、新红星，光照补偿点为 650 ~ 1 800 lx，饱和点在 35 000 ~ 68 000 lx。日照不足，花芽分化少，营养储存少，坐果率低，果实含糖量低，上色也不好。

目前，我国是世界上苹果种植面积最大，也是总产量最高的国家。苹果产量约占世界总产量的55%。官方数据显示：2018年我国苹果面积在3 500万亩左右，苹果总产量在3 100万t以上，产值2 000亿元以上。其中环渤海湾产区面积占38.78%，产量占37.22%；黄土高原产区面积占46.28%，产量占47.49%；黄河故道产区面积占8.58%，产量占10.03%；西南冷凉产区面积占3.19%，产量占2.94%。

生产上的苹果主要有4个品种群：

富士系品种群：富士苹果由日本农林水产省果树试验场盛冈分场培育，1962年命名，1966年引入我国，统称为红富士，目前已选出100多个品系。红富士是世界上最著名的晚熟品种，果实有风味好、晚熟、耐储存等优点，也是栽种面积最大的品种，栽培面积占49.6%。

元帅系品种群：元帅苹果1872年在美国爱德华州"钟花"苹果实生苗中发现，1894年命名红星，1895年开始推广。其芽变品种为新红星，又名蛇果，栽培面积占19.7%。

金冠系品种群：金冠苹果19世纪末在美国弗吉尼亚州发现，果实较大，又名黄元帅、金帅，中熟品种，成熟后表面金黄，甜酸爽口，栽培面积占6.2%。

嘎拉系品种群：嘎拉苹果1939年由新西兰苹果专家基德培育。早熟品种，果皮薄、有光泽。果肉致密、细脆、汁多，味甜微酸，十分适口。品质上乘，较耐储藏，栽培面积占2.8%。

随着人民生活水平的提高，市场和消费者对苹果的需求，不只是数量的满足，更重要的是质量的提高。苹果质量是多年来市场竞争的焦点，也是制约苹果生产和提高果农经济效益的痛点。优果优价，劣果难卖已成事实。针对我国国情，应发展推广新品种，加快老品种的更新换代，针对性地采用科学栽培措施，提高单产和果品质量，解决果品果形、色泽和光洁度等外观品质问题及糖度较低、风味不够浓等内在品质问题，实现苹果产业的新旧动能转换。为此，烟富8（神富一号）苹果品种应运而生。

汪景彦先生认为，我国虽是苹果生产大国，但不是强国，优质果率仅占总数的一半左右，精品果不足10%，难以满足消费需要。苹果产业面临大调整、大改革和大洗牌的局面。苹果新品种烟富8（神富一号）的成功选育，对丰富我国苹果品种资源，促进苹果产业振兴发挥重要作用。

为了更好地推广苹果新品种烟富8（神富一号）和配套的先进栽培技术，编写了这本书。本书内容简练，通俗易懂，适合广大果农和果树工作者阅读和使用。

本书参考和引用了部分专家研究成果，在此一并致谢！

"尺之木必有节目，寸之玉必有瑕璃"，切望广大读者和同行不吝赐教。期待再版时补正！

隋秀奇

2019年12月

于烟台现代果业科学研究院

目　录

上　篇

烟富8（神富一号）苹果品种介绍

第一章　烟富8（神富一号）的前世今生

　　导语：种子是农业的"芯片"。当前，我国社会主要矛盾已经转化为人民日益增长的美好生活需要和不平衡不充分的发展之间的矛盾。在"一粒种子"上下更大功夫、做更大文章，不只是要把饭碗端得更牢，也是为了让14亿人吃得更好。在十三五圆满收官，十四五开局之日，以保障安全为前提，以科技自立自强为支撑，服务人民美好生活需求，解决好种子这个"小"问题，折射出新起点上以新发展格局应对世纪变局的大战略。烟富8（神富一号）苹果新品种是烟台现代果业科学研究院从烟富3苹果芽变中，选育出来的苹果新品种。该品种审定以前，称为"神富一号"，2010年8月，在国家工商行政管理总局进行了商标注册。2013年11月品种审定后，定名为"烟富8"。

第一节　烟富 8（神富一号）品种选育及认证过程

一、烟富 8（神富一号）品种由来

2002 年，烟台现代果业科学研究院（以后简称：现代果业）隋秀奇院长，在下市场调研过程中，偶然在原蓬莱市大季家镇树夼李家村发现一块大约 7 亩地的高接换头富士苹果园，该园果实色泽、表光明显优于邻近果园。通过了解，得知这个品种引自大季家镇穆家村果农穆范亮烟富 3 果园，于是，迅速组织技术人员，对母株生物学特性及结果习性进行调查。2003 年开始，烟台现代果业科学研究院继续加大对这个品种的观察，以烟富 3 为对照，采用高接换头和建立新植园的方法进行品种比较鉴定，进一步对该优良单株的生长结果习性、丰产性、抗逆性、果实性状及其储藏性进行观察研究。复选圃设在牟平区莒格庄镇东仙姑村，果园面积 5 亩，果园地势平坦，黏壤土，肥力较高，水浇条件好。通过连续观察，发现这个品种具有着色早、上色快、色泽艳丽、高桩、大果形、果肉脆甜等优良性状，而且性状稳定、一致，讨论确认该品种是优质、丰产、稳产的晚熟品种，暂定名为“神富一号”。该品种在 2010 年获得国家商标注册证书，如图 1–1 所示。

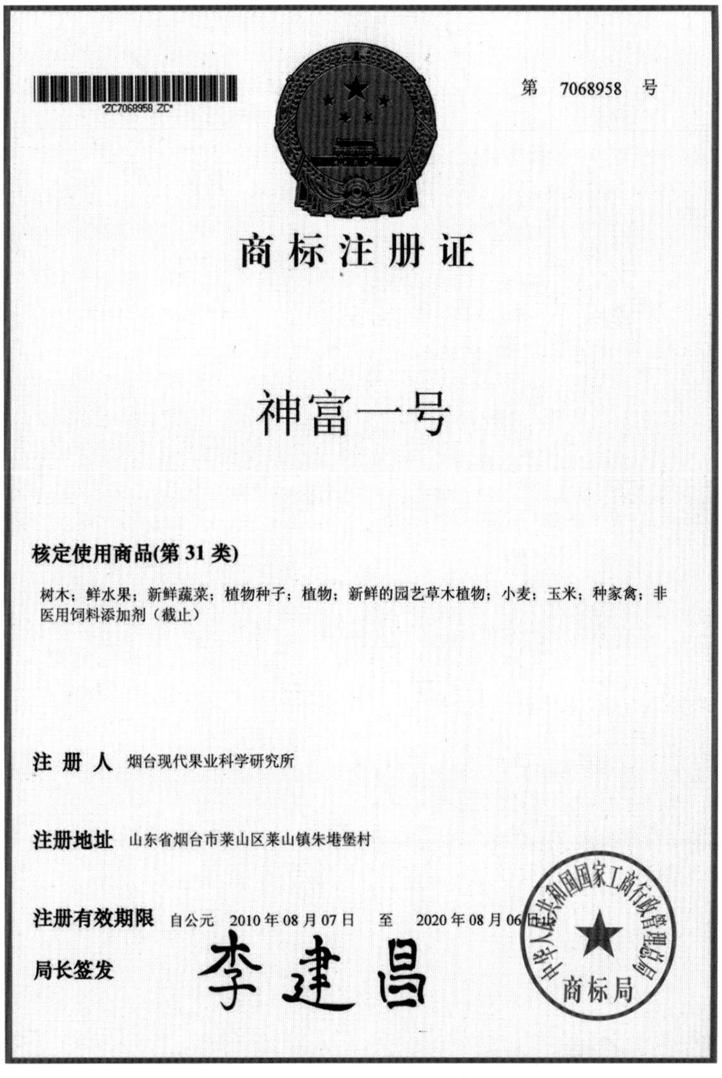
第 7068958 号

商标注册证

神富一号

核定使用商品(第 31 类)

树木；鲜水果；新鲜蔬菜；植物种子；植物；新鲜的园艺草木植物；小麦；玉米；种家禽；非医用饲料添加剂（截止）

注 册 人　烟台现代果业科学研究所

注册地址　山东省烟台市莱山区莱山镇朱堪堡村

注册有效期限　自公元　2010 年 08 月 07 日　至　2020 年 08 月 06 日止

局长签发　李建昌

中华人民共和国国家工商行政管理总局商标局

图 1–1 神富一号商标注册证书

2006 年始，烟富 8（神富一号）在烟台市莱山区朱堪堡村采用定点育苗，在全国不同苹果产区进行区域试验。

（一）神富一号研究课题通过专家鉴定

2012 年 10 月 26 日，烟台市科技局邀请有关专家对烟台现代果业科学研究院完成的"苹果新品种神富一号的选育"课题进行了鉴定（图 1-2），对该研究成果予以充分肯定，并一致通过了隋秀奇院长将神富一号品种命名为烟富 8 的建议。

图 1-2　烟台市科技局组织专家对"苹果新品种神富一号的选育"课题进行结题验收

（二）烟富 8 品种及栽培技术研究课题通过鉴定

2019 年 12 月 8 日，受山东省农牧渔业丰收奖奖励委员会办公室委托，烟台市农业农村局邀请有关专家，对烟台现代果业科学研究院、烟台市农业技术推广中心完成的"优良苹果新品种烟富 8 的选育及配套集成技术研究与开发"项目进行了成果鉴定（图 1-3，图 1-4，图 1-5）。

图 1-3　烟台市农业农村局组织专家对烟富 8 的选育及配套集成技术研究与开发进行成果鉴定

图 1-4　烟富 8 选育课题组成员邹宗峰做研究工作汇报

图 1-5　烟富 8 选育课题组成员隋秀奇做研究工作汇报

鉴定委员会听取了项目完成情况汇报，审查了有关资料，经过质疑和充分讨论，结论如下：

★针对我国红富士苹果着色不均、上色慢等问题，通过芽变选种，选育出高桩、易着色、色泽鲜艳、品质优良的烟富 8，并进行了配套栽培技术的研究集成，对推动我国苹果产业高质量发展意义重大。烟富 8，大果，平均单果重 315 g，果形指数 0.91；片红，色泽鲜艳，全红果比例在 80% 以上，易着色，对散射光敏感；果肉淡黄色，脆甜多汁，风味佳；可溶性固形物含量在 14.0% 以上，烟台地区 10 月中旬成熟，为当前我国优良晚熟富士系品种。

★针对该品种特性，在苗木双脱毒，高光效倒挂式塔松形整形，老果园更新改造和冻害防控等方面进行了系统研究；集成了双脱毒苗木繁育技术体系，简化高效整形修剪技术体系，老果园新栽果树重茬改造技术体系，病虫害和冻害综合防控技术体系；制定了烟富 8 优质丰产技术规程，为我国苹果的现代化栽培提供了有力的技术支持。

★针对该品种特性，研究开发的新型土壤调理剂（波美度）、植物生长调节剂（代刻芽）、叶面肥（欧田甲）配套农业生产资料，在预防冬春季低温冻害及果树花期霜冻、提高坐果率及果个膨大、促进果树花芽分化、减少大小年、预防苹果锰中毒等方面效果明显。

★通过建立高标准示范园、技术专家跟踪服务、新媒体网络平台等推广服务模式，在山东、陕西、甘肃、宁夏、新疆、辽宁、云南、贵州、河南等地区累计推广面积 103.6 万亩，取得经济效益 92.3 亿元，辐射带动近 200 万亩；举办不同类型的培训班 180 多期；培训相关人员 2 万多人，电视和果业通网受众达百万人次，经济效益、社会效益和生态效益显著。

该项目选题正确，技术路线合理。资料齐全、数据翔实可靠，在新品种选育及推广模式等方面创新性强，总体达到国际先进水平。

（三）烟富 8 获得审定证书、登记证书和植物新品种权证书

2013 年 11 月，烟富 8 通过山东省农作物品种审定委员会审定，获得审定证书（图 1–6），审定编号：鲁农审 2013-053 号。2017 年 12 月，烟富 8 获得国家农业部（现名农业农村部）非主要农作物品种登记证书（图 1–7），登记编号：GPD 苹果（2017）370002。自 2015 年，农业部植物新品种测试中心，对烟富 8 进行了 DUS（品种特异性、一致性、稳定性）测试，2018 年 4 月 23 日，获得国家农业农村部植物新品种权证书（图 1–8），品种权号：CNA20151515.5。根据《中华人民共和国植物新品种保护条例》规定，本品种权自授予之日起生效，保护期限为 20 年。

获得植物新品种权证书的新品种，就拥有了自主知识产权，受国家法律保护。

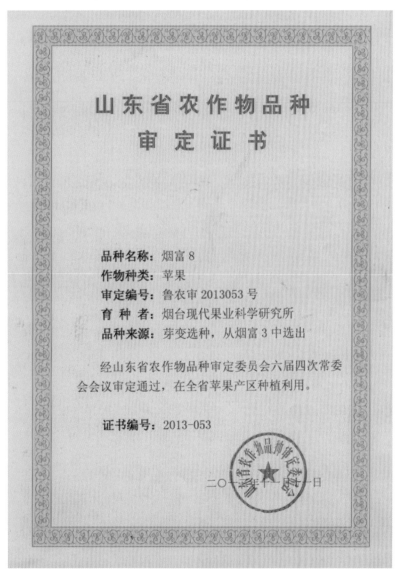

图 1–6　烟富 8 审定证书

非主要农作物品种登记证书

登记编号：GPD 苹果（2017）370002

作物种类：苹果

品种名称：烟富 8

申 请 者：烟台现代果业科学研究院

育 种 者：烟台现代果业科学研究院

品种来源：烟富 3 芽变

适宜种植区域及季节：适宜在山东省苹果产区种植，春季栽植。

2017年12月20日

图 1-7 烟富 8 登记证书

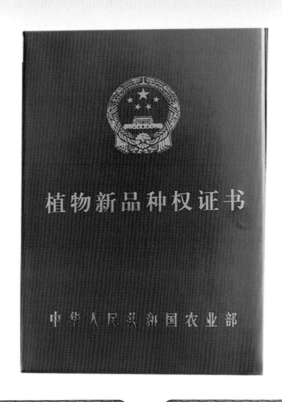

植物新品种权证书

品种名称： 烟富 8

属或者种： 苹果属

品种权人： 烟台现代果业科学研究所

培育人： 隋秀奇

品种权号： CNA20151515.5

申请日： 2015 年 11 月 4 日

授权日： 2018 年 4 月 23 日

证书号： 第 2018010911 号

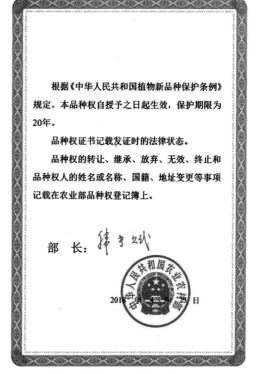

根据《中华人民共和国植物新品种保护条例》规定，本品种权自授予之日起生效，保护期限为20年。

品种权证书记载发证时的法律状态。

品种权的转让、继承、放弃、无效、终止和品种权人的姓名或名称、国籍、地址变更等事项记载在农业部品种权登记簿上。

部　长：

2018 年 4 月 25 日

图 1-8　烟富 8 植物新品种权证书

二、烟富8品种特性

（一）烟富8优良经济性状

1. **着色早、上色快**　烟富8可以利用弱的散射光上色，摘袋2天后果面就呈现出红色，4~5天果实就能全红（图1-9、图1-10）。

图1-9　烟富8摘袋2天后着色状

图1-10　烟富8摘袋4天后着色状

2. **着色不用铺反光膜**　烟富8摘袋后，不用铺反光膜，上色既快又好，不但省工省钱，还减少了反光膜对环境的污染。由于反光膜上镀了一层铝，铝氧化分解在果园土壤里，会污染土壤；如果被风刮到高压线上，还易造成电线短路（图1-11）。

3. **着色鲜艳，着色全面**　烟富8色泽鲜艳，无论是树冠外围果，还是内膛果，或是果萼凹处都能达到全红（图1-12）。青岛农业大学丁文展等研究表明，从烟富8果皮中克隆得到 *UVR8* 光受体基因，而 *UVR8* 是感应紫外光 UV–B（280~315 nm）的光受体，参与苹果对紫外光 UV–B（280~315 nm）的感知，故紫外光 UV–B（280~315nm）能明显促进苹果果皮花青苷合成关键酶基因的表达而促进苹果着色。

图1-11　烟富8全果着红色

图1-12　烟富8（左一）上色不用铺反光膜；长富2（左二）上色铺反光膜

4. **表光亮丽，色泽褪老慢** 烟富8摘袋上色后，即使在树上十多天不采摘，色泽依然不老，长时间保持艳丽，果皮不皱缩。而烟富3上色后，要及时采摘，采摘晚了，色发紫，星点爆裂，易形成果锈（图1-13）。

图1-13 烟富8（右）与烟富3（左）对比

5. **果实脆甜，品质好**　烟富8大果型，高桩，果形端正，黄肉脆甜，耐储藏。根据农业部果品及苗木质量监督检验测试中心（烟台）2012 年测试，果品硬度 8.9 kg/cm²，可溶性固形物含量 15.36%，可滴定酸含量 0.15%，维生素 C 含量 103 mg/kg（鲜样质量）。

烟富8不但品相好，品质也好。上色快，可以抢先上市，卖价高；色泽褪老慢，色艳亮丽，晚销售，仍能卖上高价。2019 年 10 月，山东省龙口市七甲镇黑山村徐忠胜，四年生烟富8，摘袋后 5 天果实全红，果个大，表面光泽好，5 亩地，单产超 2 500 kg，除去残次果，不论大小，8 元 /kg，被收购商一次性全部包园，取得了可观的经济收入（图 1–14）。

图 1–14　徐忠胜称赞烟富 8

（二）植物学特征

烟富8树冠中大，树势中庸偏旺，干性较强，枝条粗壮，树姿半开张。多年生枝赤褐色，皮孔中小，较密，圆形，凸起，白色；叶片中大，平均叶宽5.3 cm，长7.8 cm，多为椭圆形，叶片色泽浓绿，叶面平展，叶披茸毛较少，叶缘锯齿较钝，托叶小，叶柄长2.3 cm；花蕊粉红色，盛开后花瓣白色，花冠直径3.1 cm，花粉中多。如图1-15所示。

图1-15　烟富8花期株形展示

（三）生物学特性

1. 物候期 烟富8在山东省牟平地区3月底至4月上中旬萌芽，初花期4月27日至5月1日，盛花期5月2~7日，花期7~9天。4月下旬至6月上旬为春梢迅速生长期，6月下旬生长减缓，8月上旬至8月下旬为秋梢生长高峰。10月下旬果实成熟，果实生育期170~180天，开始着色与上满色时间比烟富3早5天，11月中旬落叶。

烟富8的物候期与烟富3的对比如表1-1所示。

表1-1 烟富8的物候期与烟富3对比（山东省烟台市牟平区东仙姑村，2007年，日/月）

品种	萌芽期	开花期	新梢生长		果实生长期	果实上满色
			春梢	秋梢		
烟富8	28/3~15/4	27/4~7/5	29/4~8/7	10/8~30/8	8/5~30/10	30/9
烟富3	28/3~17/4	27/4~3/5	29/4~6/7	20/7~2/8	10/5~25/10	4/10

2. 生长结果习性 烟富8幼树长势较旺，萌芽率高，成枝力较强，成龄树树势中庸，新梢中短截后分生4~6个侧枝。经调查盛果期树枝构成：长枝占3.2%，中枝占30.5%，短枝占29.8%，叶丛枝占36.5%（表1-2）。以短果枝结果为主，有腋花芽结果的习性，易成花结果。果个大，丰产性好。对授粉品种无严格选择性，异花授粉坐果率高，花序坐果率可达80%以上。果台枝的抽生能力和连续结果能力较强，可连续结果2年的占45.7%，大小年结果现象轻。

表1-2 烟富8枝类构成调查表（山东省烟台市牟平区东仙姑村，2007年）

项目 \ 枝别	长枝	中枝	短枝	叶丛枝
数量（个）	11	112	107	134
比例	3.2%	30.5%	29.8%	36.5%

（1）果形及果个 果实长圆形，果形指数0.89~0.91，高桩，大果型，单果重为308~316 g（表1-3）。

表1-3 烟富8果形及果个（山东省青岛市崂山区大姜家村）

品种	2009年10月15日			2010年10月15日			2011年10月15日		
	单果重(g)	果形	果形指数	单果重(g)	果形	果形指数	单果重(g)	果形	果形指数
烟富8	310	长圆形	0.91	316	长圆形	0.9	308	长圆形	0.89
烟富3	298	近长圆形	0.87	291	近长圆形	0.88	299	近长圆形	0.86

（2）果实品相　果实着色全面，色泽艳红，色相为片红（表1-4）；果面光滑，果点稀小。果实脱袋后烟富8上满色时间比烟富3早5天，色泽能较长时间保持鲜艳；烟富3上色后，要及时采摘，采摘过晚，着色发紫，色泽变老，星点爆裂，影响外观质量（表1-5）。

表1-4　烟富8着色状况（山东省青岛市崂樾区大姜家村）

品系	2009年10月15日		2010年10月15日		2011年10月15日	
	色相	全红果比例	色相	全红果比例	色相	全红果比例
烟富8	片红	78	片红	81	片红	80
烟富3	片红	77	片红	80	片红	78

表1-5　烟富8脱袋后着色状况（山东省青岛市崂樾区大姜家村）

时间		2009年		2010年		2011年	
脱袋天数		4天	8天	4天	8天	4天	8天
着色指数（%）	烟富8	86.2	95.5	87.3	95.8	86.6	96.7
	烟富3	59.5	84.2	60.4	82.6	62.8	83.5

（3）果实品质　果肉淡黄色，肉质致密、细脆，平均硬度9.2 kg/cm²，略高于对照品种烟富3。汁液丰富，可溶性固形物含量为14.2% ~ 14.8%（表1-6）。

表1-6　烟富8果实的内在品质（山东大姜家村）

品系	2009年10月15日		2010年10月15日		2011年10月15日	
	可溶性固形物含量（%）	果肉硬度（kg/cm2）	可溶性固形物含量（%）	果肉硬度（kg/cm2²）	可溶性固形物含量（%）	果肉硬度（kg/cm2）
烟富8	14.8	9.3	14.2	9.2	14.5	9.1
烟富3	14.6	8.5	13.4	8.7	13.8	8.5

烟富8不铺反光膜，上色速度明显比其他普通富士上色快，上色好（图1-16）。

图1-16　烟富8（左）与普通富士（右）上色情况情况对比

（4）早果丰产性　烟富8以短果枝结果为主，易成花，新植园2~3年即进入初果期（图1-17、图1-18），5~6年进入盛果期，烟富8果个比烟富3略大，丰产性与烟富3相差不大。

图1-17　二年生乔化烟富8开花状

图1-18　三年生乔化烟富8开花状

（5）适应性和抗逆性　在适应性和抗逆性方面，烟富8对气候、土壤的适应性强，适栽区广，在我国各苹果产区生长和结果均表现良好。优质丰产，果实着色好，果面洁净，色泽艳丽，商品果率高，很少有生理落果和采前落果（图1-19）。烟富8和富士系列其他苹果品种一样对轮纹病抗性较差，比较抗炭疽病、早期落叶病。

图 1-19 陕西省渭南市白水县刘军田果园三年生矮化烟富 8 结果状

三、烟富8获得的荣誉

（一）在国家级会议上获得的荣誉

1.中国杨凌农业高新科技成果博览会

★烟富8，2016年11月、2017年11月、2018年11月、2019年10月连续4年在第二十三届、第二十四届、第二十五届和第二十六届中国杨凌农业高新科技成果博览会上，获优秀展示奖（图1-20、图1-21、图1-22、图1-23）。烟富8苹果苗木，在2018年10月和2019年10月第二十五届、第二十六届中国杨凌农业高新科技成果博览会上，获得"最受农民喜爱的苹果苗木"（图1-24、图1-25）。

图1-20　第二十三届杨凌农业高新科技成果博览会
优秀展示奖奖牌

图1-21　第二十四届杨凌农业高新科技成果博览会
优秀展示奖奖牌

图1-22　第二十五届杨凌农业高新科技成果博览会优秀展示奖

图1-23　第二十六届杨凌农业高新科技成果博览会优秀展示奖

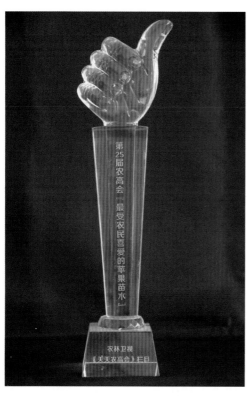

图1-24　第二十五届杨凌农业高新科技成果博览会"最受农民喜爱的苹果苗木"

图1-25　第二十六届杨凌农业高新科技成果博览会"最受农民喜爱的苹果苗木"

2. **中国林业产业联合会** 2018年9月在中国林业产业联合会上，烟台现代果业科学研究院烟富8苹果种植技术，获中国林业产业创新奖（图1-26）。

图1-26 烟富8（神富一号）苹果种植技术获中国林业产业创新奖

3. **中国林产品交易会** 2016年9月，烟富8苹果树苗，在第十三届中国林产品交易会上，荣获中国林产品交易会金奖（图1-27）；2019年9月在第十六届中国林产品交易会上，烟富8苹果荣获中国林产品交易会金奖（图1-28）。

图1-27 "神富一号"烟富8苹果树苗获第十三届中国林产品交易会金奖

图1-28 烟富8（神富一号）苹果获第十六届中国林产品交易会金奖

（二）在行业大赛上获得的荣誉

2019 年 11 月，在中国好苹果大赛 2019 总决赛上，烟台现代果业科学研究院参赛的烟富 8 苹果和苗木，分别获得"苹果大赛优胜奖"、"最佳果品品牌奖"和"最佳助农苹果苗木奖"（图 1-29）。

图 1-29　烟台现代果业烟富 8 在好苹果大赛上获奖

四、全国苹果主产区的政府领导及果业人士参观考察烟富 8

（一）新疆生产建设兵团农三师考察烟富 8

2015 年 9 月 5 日，新疆生产建设兵团第三师（图木舒克市）总农艺师张彦君等 8 人来烟台现代果业科学研究院考察烟富 8 苹果新品种及栽培技术（图 1-30）。

张彦君总农艺师等人考察了烟台现代果业烟富 8 示范园。在座谈中，烟台现代果业科学研究院隋秀奇院长就烟富 8 的选育、优良性状、苗木繁育、技术服务、成果转化等方面做了介绍，双方就 M_9T_{337} 烟富 8 自根砧栽培做了深入探讨。最后，双方就烟富 8 在第三师的推广及技术合作达成了初步

图1-30　新疆生产建设兵团第三师总农艺师张彦君等人考察烟富8

意向。

（二）山西省平陆县政府组织考察烟富8

2015年10月13日，山西省运城市平陆县委书记郭宏带领县长李旸、县果业局局长张贯中、乡（镇）党委书记、乡（镇）长及果农代表30多人，抵达烟台现代果业科学研究院考察烟富8。在参观了烟富8示范园后，对烟富8的外观、口感都给予了高度评价，对烟富8在山西省平陆县的大力发展充满了信心（图1-31）。

图1-31　山西省运城市平陆县委书记郭宏等人考察烟富8

（三）江苏省沛县农业广播电视学校（沛县农广校）组织考察烟富8

2017年5月12日上午，烟台现代果业科学研究院迎来了一批特殊的考察团队，他们就是由江苏省沛县农广校组织前来参观学习的当地村干部。

农广校李校长表示，来到烟台现代果业科学研究院参观是因为一个偶然的机会，在网上看到现代果业"果业通网"上的果业管理新技术及网络视频互动讲课，而现在也正是江苏省沛县各地果园更新换代的关键时期，所以才组织大家来到烟台现代果业科学研究院考察学习。

考察烟富8过程中，烟台现代果业科学研究院技术部崔亚伟主任带领考察团先后参观了现代果业品种示范园、苗木繁育基地以及脱毒组培研发中心并做了详细讲解（图1-32、图1-33）。

图1-32 崔亚伟在烟富8示范园向
参观者传授幼树管理技术

图1-33 崔亚伟为沛县农广校
学员授课

通过这次的参观考察，考察团对烟台现代果业科学研究院示范园的现代化建设及果业管理新观念表现出浓厚的兴趣，并一致认为烟富8经济性状优良，是他们果园更新换代的首选优良品种。

（四）山东省日照市果树协会赴烟台考察烟富8

2017年10月12日，日照市果树协会常务副会长杨申善及副会长刘加仓、杨春善等领导带领当地拟种植苹果大户及果农来到烟台现代果业科学研究院考察学习（图1-34）。

图1-34　日照市果树协会考察烟富8果园后合影留念

日照市果树协会此次前来主要是学习科学研究院的先进果树管理技术，及考察烟富8等系列新品种的优良性状及苗木实地生产状况（图1-35）。

图1-35　日照市果树协会参观现代果业矮化自根砧烟富8苹果示范园

经过参观，协会成员对研究院先进的果树管理技术、烟富8优良经济性状表达了充分的肯定和赞赏，纷纷表示，烟台现代果业科学研究院有好品种、好技术，果然名不虚传，值得学习、值得引进，真是不虚此行。为了感谢烟台现代果业科学研究院多年来对日照果树业在实际生产中给予的帮助，协会特为研究院及技术指导老师颁发证书，隋秀奇院长代表研究院接收证书并表示感谢。

（五）宁夏中卫市政府考察团来烟台考察烟富8

2018年1月22日，宁夏回族自治区中卫市政府组织农业、林业、大扶贫等部门组成考察团，在中卫市人大常委会副主任郭亮的带领下，对烟台现代果业科学研究院进行了考察（图1-36）。考察团成员冒着严寒，听取了种苗产业总经理武成伟的介绍，参观了烟台现代果业科学研究院脱毒组培室，详细咨询了烟富8品种脱毒流程（图1-37）。郭亮副主任说："一定要把烟富8这样优良的新品种和优质的苗木，在中卫市推广，提升中卫市苹果产业发展。"

图1-36　郭亮等人考察烟台现代果业科学研究院后合影留念

图 1-37 郭亮等人参观脱毒组培室

（六）陕西省铜川市政协组团莅临烟台现代果业调研

推动产业兴旺，助力乡村振兴，2018年10月11日，陕西省铜川市政协副主席王润民带领市政协调研组一行10人，在烟台市政协有关领导陪同下，来到烟台现代果业科学研究院，考察苹果品种与先进管理模式，探究新时代苹果产业发展方向（图1-38）。

图 1-38 铜川市政协调研组来到烟台现代果业科学研究院调研后合影留念

在参观调研之际，隋秀奇院长首先就规模化果业基地建设、优质苗木繁育技术、苹果全产业链发展情况以及企业文化理念等方面，向考察团领导逐一进行介绍，并重点围绕烟富8、神富6号等拥有自主知识产权的优良品种及栽植技术进行了讲解。隋秀奇院长讲到，烟台现代果业科学研究院在积极研发及推广先进种植技术的同时，发挥产业规模效益，用工业化理念，开创先进的果业管理模式，通过品牌建设，发展现代农业，在产业高速发展的背景下，积极引导农民发展苹果种植，真正实现将产业发展与乡村振兴有机结合。

随后，在烟台现代果业科学研究院谢富才老师的带领下，考察团分别来到烟台现代果业科学研究院新品种示范园、脱毒采穗圃防虫网室、脱毒组培中心进行参观调研，实地考察了烟富8苹果优良经济性状，调研组成员对该品种良好品相和优质品质赞不绝口（图1-39）。

图1-39　铜川市政协调研组深入果园考察烟富8

（七）山东省林业厅组织各地市经济林站骨干成员考察烟富8

2018年6月14日，山东省林业厅经济林站站长公庆党携各地市经济林站站长及业务骨干，实地观摩考察了烟台现代果业科学研究院烟富8示范园与脱毒苗圃，并听取了隋秀奇院长关于企业发展战略及重点品牌林产品汇报（图1-40、图1-41）。

图 1-40　考察团参观烟台现代果业烟富 8 示范园

图 1-41　隋秀奇院长向考察团成员介绍现代果业科学研究院及其成果

（八）延安市宝塔区政府全方位考察烟台现代果业科学研究院

陕西省延安市是我国主要苹果产区，也是烟台现代果业科学研究院全国性技术指导的覆盖区域之一。多年来，在当地政府及业界同仁的大力支持下，烟台现代果业科学研究院不断将苹果优良品种优质苗木与先进技术在当地推广，真正实现品质与技术服务相结合的推广理念。

烟台现代果业科学研究院院长隋秀奇向考察团介绍了烟台现代果业发展概况（图1-42）。2019年7月6日，宝塔区副区长王文忠带领考察团先后参观了烟台现代果业科学研究院烟富8和神富6号（懒富）示范园、脱毒组培室、第二苗木基地以及现代果业智慧农业优良品种新栽培模式展示园，详细听取了各项工作开展情况的介绍，并就优良品种选育、种苗繁育及双脱毒技术应用、技术推广服务等方面进行了交流探讨（图1-43）。

在示范园，考察团对烟富8、神富6号两个苹果新品种做了重点参观考察（图1-44）。

图1-42　隋秀奇向宝塔区考察团介绍了烟台现代果业科学研究院发展概况和新品种育繁情况

图1-43　2019年7月6日,陕西省延安市宝塔区政府考察团一行15人来到烟台现代果业科学研究院考察,烟台市农业农村局副局长李长海、烟台市莱山区副区长陈浩鹏、莱山区农业农村局局长孙海鹏陪同考察

图1-44　宝塔区考察团参观烟富8示范园

考察团在脱毒组培室参观了苹果脱毒苗木繁育的过程（图1-45）。

图1-45　宝塔区考察团参观脱毒组培苗

考察团评语：烟台现代果业科学研究院通过组培微繁技术，将苹果品种和砧木进行双脱毒，成效明显。作为山东农村专业技术协会果树脱毒种苗专业委员会主任单位，烟台现代果业科学研究院在组培脱毒苗繁育技术的研发、推广栽植无病毒健康种苗等方面均走在行业前列。

在烟台现代果业第二苗木基地和智慧农业优良品种新栽培模式展示园中，考察团实地参观了苗木自根砧、中间砧以及矮化、乔化苗的生长状态。并对现代化高标准果园配套设施的应用进行详细了解（图1-46、图1-47）。

通过实地考察，考察团对烟台现代果业科学研究院在品种选育、苗木繁育、组培室建设及新模式栽培等方面的研究成果，给予了很高评价。同时意愿继续加强两地之间的交流联系，推广更多优良品种及优质苗木、先进技术，跟上苹果产业发展步伐。

图 1-46　宝塔区考察团参观烟台现代果业第二苗木基地

图 1-47　宝塔区考察团参观烟台现代果业智慧农业苹果优良品种及栽培模式展示园

第二节　烟富8适宜栽植区域及表现

我国苹果有渤海湾产区、西北黄土高原产区、黄河故道产区和西南冷凉高地产区四大产区。根据气候和生态适宜标准，渤海湾产区和西北黄土高原产区是我国最适苹果发展地区。烟富8是从富士系列苹果芽变中选育出来的，其对生长环境的要求和其他富士系列苹果品种具有共性。因此，适宜富士苹果生长的区域都可发展栽植烟富8，因地区气候、土壤等不同，果实品质略有差异，但经济效益均高于当地栽植的其他苹果品种。

一、渤海湾产区

该产区主要包括：胶东半岛，泰沂山区；辽南的大连、营口，辽西以葫芦岛和凌海等地为主；河北秦皇岛、唐山、张家口；天津新区；北京以密云、昌平和延庆为主。

（一）烟富8在烟台市莱山区的表现

烟台现代果业科学研究院 M_9T_{337} 矮化自根砧烟富8苹果示范园，二年生亩产达1 400 kg（图1-48）。三年生亩产达2 100 kg（图1-49）。2019年四年生亩产达3 150 kg（图1-50）。

图1-48　烟富8二年生果园

图 1-49 烟富 8 三年生果园结果状

图1-50 烟富3四年生果园结果状

（二）烟富8在烟台海阳市的表现

山东省海阳市小纪镇西宅子头村孙世好，2015年春天开发了15亩荒山，栽植960余棵乔化烟富8，每块梯田2行，行距4 m，株距2 m，采用倒挂式塔松形树形，按照烟台现代果业科学研究院技术管理，2016年二年生树套袋近1万个，2017年三年生树套袋4万多个，2018年四年生树套袋16万多个，果个基本都在85 mm以上，果形高桩，色泽鲜艳，表面光泽亮丽，品质好，每千克苹果卖到17.6元，取得了可观的经济效益（图1-51）。

图1-51　孙世好果园四年生烟富8结果状

二、西北黄土高原产区

该产区主要包括：陕西省的渭北地区，以铜川、洛川、白水为主；山西晋南的运城、临汾及晋中地区；河南省三门峡陕县、灵宝等地；甘肃陇东的天水、平凉及陇南地区；新疆主要包括阿克苏、喀什等地。

（一）烟富8在陕西省的表现

1. 烟富8在陕西省延安市洛川县的表现　洛川县老庙镇太夫塬村郑宏章，是一名有冷风库的老板，他的果园地处渭北黄土高原沟壑区，海拔在1 190 m左右，属北温带大陆性湿润易干旱季风气候，无霜期167天，日照充足，昼夜温差在20℃以上。苹果萌芽时间在3月底至4月初，开花时间4月10

号左右，10月上旬成熟。2017年春栽植1.5 m高M_{26}中间砧烟富8共1 100株，M_9T_{337}中间砧嘎拉100株，株行距1.5 m×4 m，建园近10亩，采用倒挂式塔松形树形，2018年在经受严重冻害之后，尽管树上挂果少，但种植户亲眼看到了这个品种表光亮丽、色泽鲜艳、果形高桩等优良性状，很是高兴，同时，引来了众多果农参观学习。

2. 烟富8在陕西省宝鸡市的表现　宝鸡市扶风县果农冯顺利，2017年栽植M_9T_{337}矮化自根砧烟富8，采用倒挂式塔松形树形，4.5亩三年生烟富8套袋3万个。摘袋后，冯顺利看到烟富8上色快，色泽艳丽，表面光泽又好，果形高桩，打心眼儿里高兴，逢人就讲，烟富8名不虚传，确实是一个好品种（图1-52、图1-53、图1-54）。

图1-52　扶风县冯顺利烟富8苹果园

图1-53　扶风县冯顺利果园烟富8摘袋3天着色状

图1-54　扶风县冯顺利果园三年生烟富8长势长相

3. 烟富8在陕西省延安市洛川县的表现　洛川县槐柏镇石泉社区清池行政村冯农民，2016年栽植乔化烟富8，2019年四年生树每棵平均套袋150个左右。该品种比烟富3上色快、星点小、果锈轻、果形高桩，在清池村烟富3摘袋后需7天上色，烟富8摘袋后4天就上满色（图1-55、图1-56、图1-57、图1-58）。在洛川苹果市场6.5元/kg的大环境下，烟富8以7.6元/kg的高价被果商包园，经济效益显著。冯农民自己在网上销售，一个烟富8苹果可以卖到10元。

图1-55　洛川县冯农民（左）和现代果业技术老师在烟富8果园内

图1-56　冯农民果园烟富8摘袋4天着色状

图 1-57　冯农民果园四年生烟富 8 单株结果状

图 1-58　冯农民果园四年生烟富 8 苹

（二）烟富 8 在甘肃省天水市的表现

　　甘肃省天水市秦安县伍营乡罗湾村上湾 5 号果农魏巴录，2017 年购买栽植 200 棵 1 m 以下的 M_9T_{337} 矮化中间砧烟富 8，2019 年苹果上色期间遭遇连续半个月的降水，在没铺返光膜的情况下，果实全红、高桩，色相好、色不老（图 1-59、图 1-60），包园价 9 元 /kg，亩产量 3 000 kg，经济效益非常可观。

图 1-59　魏巴录在向前来参观的果农展示三年生烟富 8 优良性状

图 1-60　魏巴录苹果园三年生烟富 8 结果状

（三）烟富 8 在山西省临汾市的表现

山西省临汾市襄汾县张忠杰果园，地处临汾盆地，属温带季风气候，无霜期 185 天。苹果萌芽时间为 3 月下旬，4 月上旬开花，10 月上中旬成熟。2016 年春栽植乔化 2.2 m 高烟富 8 大苗 190 株，授粉树华红 20 株。株行距 3.5 m×4 m，采用倒挂式塔松形树形，通过多留分枝，开大基角，2017 年有部分树挂果，2018 年在遭受严重冻害后，利用二三茬晚花，每棵树挂果 30~50 个。果实与当地已结果的烟富 3 对比，着色快 3 天左右，高桩、星点小、表面光泽好，每千克销售价格高于市场价 1~1.2 元。

（四）烟富 8 在新疆莎车县的表现

新疆生产建设兵团第三师 54 团（以后简称 54 团）发展的"万亩三优烟富 8 苹果"基地，全是建在沙漠盐碱地上，而且缺水，冬季寒冷，夏季干旱，技术匮乏，为此，从 2017 年合作开始，烟台现代果业科学研究院安排了 3~4 名技术老师，常年驻扎 54 团万亩苹果基地，进行实地技术服务，把课堂搬到苹果园里，克服了难以想象的各种困难，一心扑在工作上，为了把充满期望的万亩苹果基地打造好，为了支援新疆生产建设兵团（54 团）苹果产业的发展，用责任、专业很好地展示出烟台现代果业科学研究院的精神风貌和精湛技术，用成效和业绩证明了烟台现代果业科学研究院的实力和良好的职业素养。2019 年 11 月，54 团组织清点苗木成活率，2017 年栽植的 6 000 亩烟富 8 等品种苗木，成活率为 92.5%；2018 年栽植的 4 000 亩，统计成活率为 93.5%（图 1-61、图 1-62、图 1-63、图 1-64、图 1-65）。

图 1-61　新疆生产建设兵团第三师 54 团（莎车县境内）烟富 8 苹果园

图1-62 新疆生产建设兵团第三师54团万亩"三优"烟富8苹果基地一角

图 1-63 烟台现代果业科学研究院与 54 团共商万亩烟富 8 果园建设

图1-64 现代果业曲延璞老师在新疆生产建设兵团第三师54团苹果园进行技术指导

图 1-65 54 团苹果园结果状

2019年11月25日，烟台现代果业科学研究院隋秀奇院长等人，来到54团发展的三年生 M_9T_{337} 矮化自根砧烟富8莎车苹果园，看到在沙漠盐碱地上由烟台现代果业科学研究院指导种植的烟富8苹果呈现出成活率高、长势良好、树形规范整齐、花芽饱满等优势，感到非常振奋和激动，感到三年来付出的心血和汗水，终于得到了见证，并且以事实证明烟台现代果业科学研究院在新疆沙漠盐碱地创造出苹果栽植的奇迹，这也为苹果产业在新疆盐碱地的栽培，为54团苹果产业的发展，积累了丰富的经验，起到了很好的示范作用（图1-66、图1-67）。

图1-66　新疆生产建设兵团副政委邵峰（右）、副司令员鲁旭平视察54团果园

图1-67　2019年11月25日，隋秀奇院长（右一）和武成伟经理同赴新疆生产建设兵团第三师54团烟富8苹果园进行技术服务

三、黄河古道产区

该产区主要包括：黄河中下游的豫东、豫北，鲁西南、苏北和皖北等地。

（一）烟富 8 在河南省延津县的表现

河南省延津县僧故乡程景贤，2015 年春天栽植 50 亩 M_9T_{337} 中间砧烟富 8，株行距为 2 m×4 m。2017 年亩产量 300 kg，2018 年亩产量 1 300 kg。平均单果重 240 g，色泽比烟台地区稍差，原因是昼夜温差小。该地年无霜期 220 天，盛花期在 4 月中旬，采收时间为 9 月下旬。（图 1-68）。

图 1-68　程景贤果园烟富 8 结果状

（二）烟富 8 在山东省单县的表现

山东省菏泽市单县张集镇高本峰，2016 年春天栽植 150 亩 M_9T_{337} 中间砧烟富 8，授粉树为嘎拉，栽植株行距为 2 m × 4 m。2017 年亩产量 300 kg，2018 年亩产量 600 kg，2019 年亩产量 3 000 kg。平均单果重 250 g，色泽比烟台稍差，原因是昼夜温差小。该地年无霜期 206 天，盛花期在 4 月中旬，果实采收时间为 9 月中旬。

（三）烟富 8 在江苏省沛县的表现

江苏省沛县鹿楼镇大沙河基地，属温暖带半湿润季风气候，土壤为沙壤土，土壤有机质含量为 0.59%。2013 年春天试栽 110 亩 M_9T_{337} 矮化中间砧烟富 8，树体长势很好。2014 年栽培面积发展到 2 000 亩，授粉树为嘎拉，栽植株行距为 2 m × 4 m。3 月底至 4 月初萌芽，4 月上中旬为盛花期，10 月上旬采收。该品种开始着色与上满色时间比烟富 3 苹果早 5 天。色泽比烟台地区稍差，原因是昼夜温差小。烟富 8 在沛县对气候、土壤的适应性强，优质丰产，果实着色好，果面洁净，色泽艳丽，商品果率高，无生理落果和采前落果现象。

四、西南冷凉高地产区

主要包括：四川省阿坝及甘孜藏族自治州的川西地区；云南东北部的昭通、宣威地区。贵州西部的威宁、毕节地区。西藏贡嘎及昌都以南和雅鲁藏布江中下游地区。

（一）烟富 8 在云南省昭通市的表现（图 1-69）

云南昭通远智农业科技开发有限公司（以下称远智公司），2016 年春天分 2 次引种栽植乔化烟富 8 苗木 70 000 株，红玛瑙和嘎拉授粉树 9 000 株，株行距为 3 m × 4 m，全园不套袋，2017 年结果，平均亩产 31 kg，2018 年亩产达 530 kg；2019 年 10 月 15 日，烟台现代果业科学研究院技术总监杨增生老师来到这片果园回访，远智公司果园管理负责人张道平说："今年是第四年，在烟台现代果业科学研究院技术团队的指导下，园中每棵果树的产量基本都达 25~30 kg，平均亩产 2 500 kg 以上，而且烟富 8 这个品种，上色快，表面光泽好，果形、口感都属上等"，问起价格，张道平更是乐得合不拢嘴，他说："园中不套袋栽培的烟富 8，内在品质与外观品相表现都非常优秀，今年园中 65 mm 以上的果实，全部按照 5 元 500 克的价格被收购，预计 2019 年全园产值将达 1 200 多万元！"

图 1-69　烟富 8 在云南昭通不套袋长势长相

从云南昭通远智农业科技开发有限公司栽植的不套袋烟富8表现看，在云贵高原烟富8不套袋栽植同样具备极佳的生态适应性。张道平最后说："不套袋烟富8栽植的成功，让他们的产业园声名远扬，许多果业人士慕名前来参观学习。既有好的品种，又有定期优秀的技术服务，烟台现代果业当真了不起！"如图1-70所示。

图1-70　在烟富8四年生果园，远智公司老总与现代果业专家共同竖起了大拇指

（二）烟富8在贵州省长顺县的表现

贵州省长顺县广顺镇凤凰坝，2016年3月下旬引种栽植 M_9T_{337} 矮化中间砧烟富8苗木12 000株，株行距为1.5 m×4 m，每亩栽植111株，成活率95%以上。当年每棵树萌发枝条10~20个，长势强，新梢年生长量40~130 cm，扩冠快。定植后第二年，就有部分树挂果，2018年（第三年）亩产达615 kg。果实色泽及表面光泽表现突出，果面光洁、无锈、星点小，非常适合该地区生长，为当地最佳引栽品种。

第三节　教授、研究员等专家学者对烟富8的综合评价

一、青岛农业大学原永兵教授评价烟富8

　　青岛农业大学副校长原永兵教授，带领他的研究生团队，以富士苹果红色芽变品种烟富8果皮为试验材料，采用RT-PCR方法，克隆获得苹果UV-B受体基因 *UVR8* 的全长序列，命名为MdUVR8。研究中发现，烟富8可以利用弱的散射光，促进花青苷的合成，达到上色速度快、上色全面的效果。原永兵团队的研究成果，进一步验证了烟富8上色速度快的理论机制。研究报告"苹果UV-B受体基因 *UVR8* 的克隆及生物信息学分析"发表在《分子植物育种》2015年第13卷第8期第1775~1789页上（图1-71）。

图1-71　《分子植物育种》杂志封面

二、中国农业科学院果树所汪景彦研究员评价烟富8

2015年10月18日,中国农业科学院果树所汪景彦研究员,在"苹果良种'烟富8'开发推广研讨会"上,把他3年考察烟富8的经过,做了总结报告,他说:自2013~2015年,我连续3年到山东省烟台市考察烟富8,考察的苹果园分为3种类型:一是大树高接烟富8,烟台市牟平区曲家口村曲日文园;(图1-72、图1-73);二是烟台现代果业科学研究院的矮化中间砧烟富8苹果园,中间砧为M_{26},五年生(图1-74);三是烟台市牟平区水道镇韩家夼村王树岭乔砧烟富8苹果园,基砧为八棱海棠,五年生。

图1-72　汪景彦研究员观察曲日文大树苹果园高接换头烟富8长势长相

图 1-73　汪景彦研究员（右一）在曲日文（右二）的烟富 8 苹果园内考察

图 1-74　汪景彦研究员观察矮化中间砧烟富 8 亩产万斤果园长势长相

汪景彦研究员最后说：烟富8苹果新品种，是我从事苹果生产科技工作55年来看到的最优良红富士苹果芽变品种，其优良性状十分突出。

1. 果实性状优异

（1）果实着色状况　易着色，着色快，着色全面，褪色慢。摘袋后4~5天即可着满色，色相片红，鲜艳夺目。树冠下部果都能全面着色，包括萼洼部分。鲜红色保持时间长，储藏期间褪色慢。

（2）果实外观性状　①果点小，表面光泽好。②果形高桩。在负载量合适的情况下，下垂果多为高桩果，果形指数一般在0.9~1.0；果个较大且均匀。2014年矮化砧示范园，平均单果重486 g。2015年为378 g。

（3）果实可溶性固形物含量较高　矮砧示范园果实可溶性固形物含量，2014年2个样本检测高者达16.60%，低者15.20%；2015年2个样本检测分别为16.5%和15.63%。

2. 早果性、丰产性

（1）早果性好　烟富8栽后3年见果，并有腋花芽结果能力。现代果业矮砧示范园，三年生树已零星挂果；四年生株产100余个果，折合亩产2 500 kg；五年生树平均株产133.6个果，折合亩产3 500 kg。王树岭园乔砧烟富8，五年生树，10株，共套袋3 100个，株产90 kg，折合亩产3 600 kg。

（2）丰产　烟富8高接后3年挂果，王树岭园二年生幼树上嫁接烟富8号，3年后株挂果60~70个，20~25kg。曲日文大树高接果园，接后第四年进入高产，连续3年亩产在5 000 kg以上。

3. 对苹果生产的意义

（1）品质高、产量高、效益高　生产实践证明，烟富8品质高、早果、高产，经济效益好。据果农曲日文介绍，他自己的苹果园，烟富8果实价格要比同园的长富2果实每千克多卖2元钱，亩产量5 000 kg以上，增值1万元以上。现在市场上是优质优价，烟富8果实质量好，深受市场青睐。

（2）果实易着色　采前不铺银膜，可为果农节省300元/亩左右的投资，降低生产成本和劳动消耗，同时也减少了果园的白色污染。可在果实着色差的地区大力发展，如渤海湾产区、黄河故道产区，发展前景好。适应密植栽培，在单株或群体较郁密反射光少，散射光多的情况下，果实着色不受多大影响。在正常管理情况下，基本不用转果，只需把贴在果面的叶子摘掉，距离果面2厘米以上的叶子可以不摘，这就省了许多劳动力。

（3）为无袋栽培奠定了基础　近年劳动力昂贵，套袋栽培给果农带来沉重负担。今后，无袋栽培是追求的方向。该品种为无袋栽培奠定了品种基础。

三、新疆农垦科学院林园研究所李铭研究员评价烟富8

2016年10月，新疆农垦科学院林园研究所所长、新疆生产建设兵团林科院院长李铭（图1-75）来烟台考察烟富8，当他全面考察完后，动情地说："烟富8苹果是我在全国考察见到的内在和外在质量都非常好的一个富士系新品种，而且根据新疆的气候特点，可以肯定，该品种在新疆栽培会表现得更好。"

图 1-75　李铭院长考察烟富 8

四、西北农林科技大学李丙智教授评价烟富 8

2017 年 6 月 12 日，受到习近平主席、李克强总理亲切接见的著名果树专家、西北农林科技大学李丙智教授，来到新疆生产建设兵团农三师 54 团（莎车县），考察春季新栽的 M_9T_{337} 矮化自根砧烟富 8 生长情况（图 1-76）。

图 1-76　李丙智教授（左一）在 54 团烟富 8 苹果园进行技术指导

2019年1月12日，李教授来到烟台现代果业科学研究院，相继考察了四年生矮化自根砧烟富8苹果示范园、M_9T_{337}矮化砧木压条繁殖苗圃及组培室。在示范园，李教授对烟富8枝条生长、成花及树体长势，做了认真考察。他说，"烟富8这个苹果新品种，从最近几年在各地表现来看，经济性状优良、适应性强、生长良好，可以作为老龄果园更新换代和新植果园栽植品种"（图1-77）。

图1-77　李丙智教授（右一）在隋秀奇院长（中）陪同下，考察54团矮化自根砧烟富8苹果园

五、山西省农业科学院牛自勉研究员和青岛农业大学刘成连教授联袂评价烟富8

2018年10月19日，山西农业科学院牛自勉研究员和青岛农业大学刘成连教授，一起考察了烟台市昆嵛区昆嵛镇曲家口村曲日文的烟富8苹果园，看到这片已高接换头6年的烟富8苹果园，色泽鲜艳，表光亮丽，果形高桩，既惊奇，又兴奋，尤其当听到园主曲日文说这是烟富8，连续亩产超万斤，亩产纯效益平均在3万~5万元时，更是感到惊奇，禁不住竖起大拇指，赞不绝口（图1-78）。

图1-78　刘连成教授（左一）牛自勉研究员（右一）在观察过曲日文先生（中）五年生烟富8果园的长势长相后，不约而同地竖起了大拇指

六、青岛农业大学张振芳教授评价烟富8

2019年10月26日，已经是烟富8摘袋近1个月了，青岛农业大学张振芳教授来到烟台现代果业科学研究院示范园，考察烟富8摘袋后性状表现，当他看到摘袋这么久，烟富8果实仍然色泽鲜艳时说："今年苹果摘袋前后，持续高温、昼夜温差小、气候干燥，苹果上色困难的情况下，烟富8不但上色快，摘袋后这么久还能色不老，表光亮丽，这说明烟富8确实性状优良，值得大力发展。"（图1-79）。

图 1-79 张振芳教授考察烟富 8

七、西北农林科技大学园艺学院马锋旺教授评价烟富 8

2019 年 11 月 1 日，西北农林科技大学园艺学院院长、国家苹果产业技术体系岗位科学家马锋旺教授，在青岛农业大学园艺学院教授、山东农村专业技术协会副理事长刘成连的陪同下，到烟台现代果业科学研究院考察。

在烟台现代果业烟富 8 示范园内，马教授实地察看了烟富 8 生长、结果情况，并向基地负责人和技术人员详细询问了基地建设及品种搭配、栽植技术、肥水管理等情况。马教授表示，烟富 8、神富 6 号，果形高桩，果个大，表面光鲜亮丽，果肉脆甜，拥有极佳经济性状，的确是不可多得的 2 个优良苹果新品种。八棱海棠 + 神富 6 号砧穗组合表现出的抽枝力强、免拉枝、免环切、成花容易等特性得到了马教授的大力赞赏。马教授说：降水少，技术薄弱是西北苹果产业发展的掣肘，神富 6 号既有良好的结果性状，又便于管理，是为西北苹果种植"量身定做"的好品种。此外，马教授还针对东西部地区 M_9T_{337} 矮化自根砧果树，在高纺锤形树形培养、适宜栽植密度等方面存在的技术问题，同刘连成教授、隋秀奇院长等专家进行了深入细致的探讨与交流。

通过实地调研，马教授对烟台现代果业科学研究院苹果新品种培育、果树栽培技术研究、售后服务这三大特点给予充分肯定。建议充分利用好专业技术推广团队，借助品种和技术优势，突出烟台苹果特色，做优做大做强苹果产业。

烟富8（神富一号）苹果配套生产技术

第二章 烟富 8 育苗技术

导语：发展果树，种苗先行。苗好收一半。果树苗木作为果树建园的基础物质，其品种、质量，对果树栽植成活率、果园整齐度、树体抗逆性、经济寿命及单产与品质都有直接影响。因此，培育适销对路，适应不同产区生态环境和不同区域产业发展布局与规划的健壮苗木，直接关系到建园者的经济效益。

第一节　实生砧木苗繁育技术

苗圃地要选择地势平坦、土质肥沃、有充足的水浇条件并且排水良好，最好在两年内没种过木质根系的作物及茄果类作物的地块，避免苗期立枯病的危害和根部病害的发生。在前茬作物收获后，每亩地撒施 2 000~3 000 kg 充分腐熟的农家肥，加 200~300 kg "腾田泽根" 生物有机肥（图 2-1）。如果土壤酸化，可根据酸化情况每亩撒施 150~200 kg，pH>10 的土壤调理剂 "波美度"（图 2-2），然后进行深耕、耙平，于封冻前进行整地，做成畦面宽 40~100 cm、畦埂宽 45 cm 左右的苗畦，踏实田埂后浇透水。

图 2-1　腾田泽根生物有机肥　　　　　　图 2-2　土壤调理剂 "波美度"

一、实生砧木种子的选择、鉴别及冬藏

要选择籽粒饱满、无病虫害,种子活力 95% 以上的优质神砧 1(八棱海棠优选)种子,进行层积冬藏。在 12 月下旬进行,以满足种子需 80 天左右打破其休眠的条件,才能保证实生砧木幼苗旺盛生长。

二、播种技术

神砧 1(八棱海棠优选)种子播种期,以春播为好。当平均气温达 5℃ 以上,地表平均温度 8℃ 时即可播种。烟台地区以 3 月中下旬为宜,可采用畦播或条播。畦播具体做法是,先在畦面灌水,当水渗下去后马上均匀播种。畦播播种量为 2.5~3 kg/ 亩,种子间距最好在 1 cm 以上。播种后在其上覆 1~1.5 cm 的细沙土。为了防止地下害虫的危害,可撒施地下害虫诱饵后覆地膜保墒。条播可分为 2 种:①畦面 80 cm 左右的可间隔 20 cm 左右播 4 行。②畦面在 40 cm 左右的可间隔 25 cm 播 2 行,条播的用种量少,一般为 1.5~2 kg/ 亩。如果采用点播,用种量会更少。

三、幼苗移栽与断根

为了控制独根苗现象,使幼苗多发侧生根,多采用畦播育苗,先通过一年的实生苗管理,在苗木高度 1 m 左右、直径 0.7 cm 左右时,第二年春天再移栽到苗圃地,进行嫁接,培育为成品苗。也有在条播苗圃中,当实生砧苗长到 2~3 片真叶时,将幼苗进行间苗(留苗间距为 15~20 cm),当幼苗长到 10~15 cm 高时,进行人为铲断垂直主根,促发大量的侧生根,这样在消除了独根苗的同时,还可以提高苗木生长的整齐度。

四、苗圃管理

为了加大苗木出圃率,在肥水方面要做到精细管理。当幼苗长到 10 cm 以上时,根系已经有了一定的吸收能力,可以随浇水或降雨,每亩撒施 4~5 kg 高氮复合肥,以后间隔 20 天左右追施 1 次,每次每亩增加 2 kg 左右。前期用高氮中磷低钾,7 月、8 月以后追施低氮中磷高钾复合肥,以促使苗木发育充实健壮。适宜土壤墒情以根系周围土壤手握成团不滴水为好。过于干旱缺水时,间隔 10~15 天浇 1 次水,遇中雨可以不浇水。多雨季节,要注意排水,防止渍涝伤害幼苗。

第二节　烟富 8 苗木的繁育技术

烟富 8 主要有以下几种类型：乔化砧苗、矮化砧苗。矮化砧苗又可分为矮化中间砧苗和矮化自根砧苗。

一、二年生乔化烟富 8 苗木繁育

（一）苗圃地嫁接育苗

当年播种的实生苗木，苗木基部 10 cm 左右高处粗度达 0.6 cm 左右的，可在 8 月底 9 月初，采取带木质芽接法，嫁接一个烟富 8 品种芽。第二年 3 月解绑，在嫁接的品种芽上 1 cm 左右剪截平砧，对没有嫁接成活的可采取单芽切腹接法进行补接，年底即可长成一棵二年生的优质壮苗。此法多在条播苗圃应用，也叫压圃苗。

（二）春季随栽随接育苗

春季随栽随接育苗多在畦播实生苗圃中应用，具体做法是：早春挖起实生苗后进行分级，地面土痕上 10 cm 左右茎粗达 0.5 cm 以上的，对根系留 10 cm 左右长度进行修整。在品种育苗地，边开沟起垄，边栽植，可按垄面 30 cm 左右、垄高 45 cm 左右做垄，每垄栽 2 行，株距为 15~20 cm。栽植后马上浇透水，稳苗后可随即嫁接烟富 8 品种接穗，秋季可出圃成品苗。

二、二年生矮化中间砧烟富 8 苗木繁育

第一年春季播种实生砧木苗，当年夏季芽接矮化砧 M_{26} 或 M_9T_{337} 矮化砧芽，萌芽发育生长，第二年春季在中间砧 20~25 cm 高度上嫁接烟富 8 品种芽，第二年秋季可育成优质壮苗。

当年夏季生长发育不够嫁接标准的实生苗，秋季在实生苗基部芽接矮化砧芽。第二年春季剪砧后，促进矮化砧芽生长，夏季在 20~25 cm 高度矮化砧段上嫁接烟富 8 品种接穗，剪截萌发后，年底便成长为成品苗。

三、矮化自根砧烟富 8 苗木繁育

用 M_9T_{337} 砧木苗作为母株，采用水平压条法，繁育自根砧苗。其做法是先将母砧按行距 60~80 cm，株距 30 cm 左右，斜栽在沟内，浇水稳苗后，将砧苗压平固定，使其低于地平面。萌芽后，新梢长到 20 cm 左右时，第一次培腐熟的木渣，高约 10 cm（图 2-3）。培前进行浇水，并施入有机肥和磷肥。其后压平的砧苗萌发的新梢，每长高 15 cm 左右时，培 1 次，共培 2~3 次，使垄高达 30~40 cm。第二年早春扒开木屑垄，将生根的砧苗从母株上分段剪下，成为 M_9T_{337} 基砧单株。按正常株行距将砧木定植到苗圃，栽后嫁接烟富 8 品种接穗，秋后可成为健壮优质自根砧烟富 8 品种苗。

图 2-3　用木渣压条繁殖 M_9T_{337} 矮化砧木

也有在第一年秋季 8 月底 9 月初，在 M_9T_{337} 砧苗上嫁接烟富 8 品种芽。第二年早春分株、平砧，培育成烟富 8 品种自根砧壮苗。长势旺盛的苗木，7 月进行摘心，可培育成带分枝的大苗。

四、烟富8脱毒和双脱毒苗木繁育

脱毒苹果苗木是采用生物工程技术，通过组织培养获得的无病毒苗木，又可分为单脱毒苗和双脱毒苗2种。所谓单脱毒苗就是只对苹果苗的砧木或者接穗进行脱毒，而双脱毒苗就是对苗木的砧木和接穗都进行脱毒。双脱毒苗木的培育技术更复杂，但是经过双脱毒的苗木，内在品质更加优良，抗逆性强，树势旺，节省肥料，成花容易，结果早，果品质量高，丰产潜力大，管理成本低，生产效益高。双脱毒苗木的培育，分以下几个步骤：

（一）取样与消毒

一棵苹果苗从结构上讲，包括品种接穗及砧木2部分，而双脱毒就是对品种接穗（烟富8）及砧木[M_9T_{337} 、 M_{26} 、神砧1（八棱海棠优选）]全部脱毒。首先，分别取砧木和接穗的枝条进行消毒处理；然后，放到有营养液的培养瓶内让其生长发芽，发芽后采顶芽和侧芽进行取样消毒接种。具体消毒方法是：取顶芽梢段3~5 cm，剥去大叶片，用自来水冲洗后在75%乙醇中浸泡30 s左右，再用0.1%升汞消毒10 min，最后用无菌水冲洗4~5次。

（二）剥取茎尖与接种

在超净工作台上，用解剖刀仔细剥离幼叶至裸露的生长点，用刀尖切下带1~2个叶原基的生长点（图2-4），将切下的茎尖转移至培养基上，培养成无菌瓶苗。

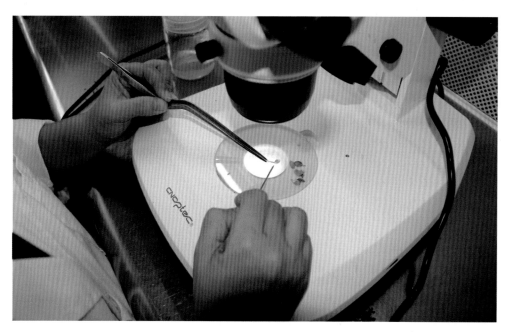

图2-4　茎尖剥离

（三）进行高温钝化

高温钝化是植物脱毒的一种技术手段，在智能人工气候箱里，让无菌瓶苗在38~40℃的高温环境下生长30天左右，使苹果苗内含有的各种病毒逐渐钝化失去侵染传播能力（图2-5）。

图2-5　高温钝化

（四）进行二次茎尖剥离

经过高温钝化的无菌瓶苗内的病毒已失去侵染能力，对存活的无菌瓶苗进行二次茎尖剥离处理，处理及消毒方法同第一次。再次剥离，得到0.2~1.0 mm长的茎尖，可达到无毒状态。

（五）病毒检测

经过高温钝化和2次茎尖剥离的无菌茎尖，接种在分化培养基上进行培养繁殖，每个成活的茎尖做好标记。当每一个标记好的茎尖繁殖到三四十株后，取出其中10株左右进行病毒检测，有病毒的标记茎尖淘汰掉，经检测无病毒的标记茎尖，利用剩余的无病毒瓶苗进行快速扩繁。

（六）把无毒茎尖进行接种快速繁殖

经过脱毒的茎尖在无菌接种室内的超净工作台上，接种到快繁培养基内进行快速繁殖（图2-6），在无菌培养室内，培养温度控制在25℃左右，利用日光灯每天光照14h为瓶苗生长提供能源。扩繁瓶苗培养周期为1个月，1个月后再进行分瓶接种快速繁殖（图2-7）。这种繁殖方式是用植物"克隆"技术，在无菌、密闭的环境下进行，不用担心外界病毒传染源的感染。

图2-6　快速繁殖

图2-7　扩繁瓶苗

（七）进行生根培养

无毒瓶苗繁殖到一定数量后，再把独立的单株接种到生根培养基上进行生根培养（图2-8）。生根瓶苗在无菌培养室内培养15~18天，根生长到1 cm左右，完成生根培养。

图2-8　生根培养

（八）温室驯化成穴盘苗

经过生根培养的脱毒苗，再转移到温室进行驯化锻炼。这个过程是一个生理习性的转变，同时也是从弱光（6 000 lx）到强光（8 000 lx）、由恒温到变温（18~35℃）生长的过程。瓶苗驯化结束后，将瓶苗移栽到穴盘内，经过一定时间的生长发育，使其完全适应自然环境（图2-9，图2-10）。

（九）建采穗圃

已适应自然环境的烟富8、M_9T_{337}和神砧1（八棱海棠优选）穴盘苗，直接定植到防虫网室中，建立原始一代的脱毒烟富8、M_9T_{337}和神砧1（八棱海棠优选）无毒苗木采穗圃（图2-11）。

（十）移栽脱毒砧木，嫁接脱毒品种

经过脱毒的神砧1（八棱海棠优选）、M_9T_{337}等砧木穴盘苗可直接移栽到苗圃中，在苗圃生长一定时间，达到可以嫁接的粗度和高度后，用脱毒的品种烟富8接穗，进行芽接或枝接，然后生长成为一棵完整的双脱毒苗木，达到了砧木、接穗双脱毒的目的。

图 2-9　驯化温室

图 2-10　温室驯化

图 2-11 　原始一代脱毒采穗圃

　烟富 8（神富一号）苹果及配套生产技术

第三章　烟富 8 建园技术

导语："桃三杏四梨五年，核桃柿子六七年，酸枣当年能卖钱，要吃苹果等两年。"这些俗语总结了栽树收益早晚的规律，说明了苹果是建园后收益较早的一种树种。在烟台现代化果业科学研究院的技术指导下，烟富 8 当年栽苗，翌年丰产的例子比比皆是。

第一节　建园前准备

一、园址选择与规划

（一）园址选择

苹果园要远离污染源，远离水、气污染严重的化工厂、冶炼厂及工业废水和城镇生活污水地区，防止废渣和垃圾经雨水冲刷污染果园土壤。要周边空气清新，水体洁净。

苹果不要与梨树混栽，苹果园最好远离梨园和松柏树，以免赤星病等病害传播。

苹果为需水量比较大的果树，栽植果树首先要保证水浇条件，特别是栽植矮化砧的果园。土质应尽量选择壤土或轻沙壤土，土壤pH最好在6.0~7.5。土层厚度要求50 cm以上，达不到此深度的果园，栽植前一定要用挖掘机深翻，捡出碎石。尽量避开黄黏土、盐碱土及排水不良的低洼涝地。尽量避免山丘上部和易积聚冷空气的低洼地，以防霜冻和果树抽条。地下水位最好在1.5 m以下。

随着种植观念的改变和机械化水平的提高，果树栽植要适应规模化及机械化的要求，集中连片，便于管理，降低用工成本，实行省力化栽培，提高种植效益。

（二）果园规划

1. **果园内部设施占地安排**　园址确定后，总体设计要本着因地制宜、合理用地、便于管理的原则。规划大面积果园时，要利用测量仪器进行实地测量，绘制地形图，根据规划内容要求，进行合理设计。一般占地比例是：果树90%，防护林5%（风沙地带），道路系统3%，灌溉系统1%，建筑物0.5%，其他占地0.5%。建筑物要安排在交通方便处，尽量不占好地。

2. **果园内部各小区形状与面积安排**　根据果园面积、地势、土壤状况等，将果园划分为若干作业小区。同一小区内，气候、土壤、品种尽可能保持一致。大型平地园每个小区一般8~10 hm^2，丘陵山地每个小区1.3~3.3 hm^2。田块小的可不分小区。小区形状可划成长方形［长：宽为（2~5）∶1］或正方形，长方形长边尽量与主风向垂直。

3. **果园道路安排**　果园的作业道路是实现机械化作业的基础。大路一般修筑在栽植小区之间，主副林带一侧，能并排通行2辆机动车；小路修筑在小区之内，其宽度是能通行果园作业机械。

4. **果园灌溉和排水系统安排**　灌水系统主要有渠道、管灌、喷灌、滴灌和微喷等方式，应因地制宜选用灌水系统，提倡节水灌溉和水肥一体化。排水系统，主要由排水沟、排水支沟和干沟组成。汛期大雨时，小区内的水能通过排水沟排到支沟，最后排到干沟。苹果也是不耐涝的果树。

5. 果园防风林安排　风沙大的区域及矮化自根砧园，要营造防护林，果园防护林可以防风固沙、减少水分蒸发，保护土壤，促进坐果，防止落果和折枝。防风林可降低风速19%~56%。主林带设在迎风面，由4~8行乔木树组成，副林带由道路旁栽1~2行乔木组成。多选用杨树、泡桐、银杏、臭椿、山定子、柿树、枣树、山杏及海棠等（图3-1）。

图 3-1　用杨树做防风林

规模较大的新建果园，在建园之初一定要特别注重果园规划，如土壤改良、地下灌溉、排灌排水、喷药设施的铺设，采果、分选、包装场地及作业道路的选定等，这对于建园后操作管理非常重要。

二、整地

栽前最好在冬季用挖掘机将地深翻一遍，经过冬天的风化和雨雪积聚冻融，土壤生态改变，有利于以后果树生长。翻前每亩撒施 1 000~2 000 kg 腐熟好的优质土杂肥或 400~600 kg "腾田泽根"生物有机肥，以培肥地力。

春天栽苗前检测一下土壤，pH 不在 6.0~7.5 的要进行调理。酸化土壤撒施"波美度"、"复元"等土壤调理剂，每亩 300~500 kg。盐碱重的要规划开挖排水沟，加强排水控盐，降低盐碱度。

老果园更新改造时，年前要结合深翻土壤，捡净旧根，撒施多菌灵进行土壤消毒，降低土传病害和老树残留有害物质的影响。栽前撒施优质土杂肥或生物有机肥。

三、起垄

由于平泊地容易积涝死树，因此新建果园为平地、不耐涝的山地或栽植面积较大的地块，建议起垄栽培。

（一）涝洼地

可以挖沟起垄，不要强调南北行，要顺水的流向来确定东西行还是南北行。这种情况下可以起高垄，垄高 60~80 cm，垄底宽 1.5~1.8 m，上垄面宽 1.2~1.5 m。

（二）平原地

起垄可稍微矮一点，垄高在 25~30 cm，垄底宽 1.5 m 左右，上垄面宽 1.0~1.2 m。

（三）山区丘陵地

土壤质地差，土层薄，不适合起垄栽培，尤其浇水条件差的地区，要把树盘整成外高里洼，便于收集雨水。如果计划用滴灌，可以起矮垄栽培，垄高为 15~20 cm，垄底宽 1.2 m，上垄面宽 1 m。

（四）盐碱平地

栽植最好实行起垄栽培，垄高 30~50 cm，垄宽 1.5~2.0 m，因盐往高处走，苗宜栽在垄底的沟内。随着行间种草和树下覆草及增施有机肥等土壤改良措施的应用，盐碱状态得到改善，树龄增加根系更发达，适应能力和抗性都有所提高后，再逐渐把垄背变垄底，垄底变垄背。

需要注意的是，对矮化苗栽培，最好在垄上开沟栽植，特别是矮化中间砧苗木，因为需要分次埋砧木，开沟栽效果最好。鉴于矮化中间砧和矮化自根砧矮化砧段高度不同的特殊性，矮化段高的也可平地开沟栽植，以后随施肥分次培土掩埋，直至砧段露出地面 5～10 cm，最后形成起垄栽培模式（图3-2）。

图 3-2　起垄栽植

四、苗木储藏

苗木购置后，不能马上栽植的必须做好苗木储藏。可以采取就地简易储藏，也可冷库储藏，延长栽植时间。简易储藏需要做到以下几点：

（一）储藏地点选择及准备工作

储藏苗木时，选择一个背阴、地势比较干燥，不存水，土壤比较疏松的地方。挖一个深 70 cm 左右的沟，沟的长宽依据苗木的数量及高度确定。

（二）储藏技术

储藏苗木时，应先将苗木捆解开，单层在沟内斜着摆放。购苗较多的用户，可每层摆放 10~15 棵，摆放厚度越薄越好，每摆放一层撒一层湿沙（湿度以手握成团、松手不散为准）。

冬前储藏，苗木摆放完毕后，要分 2 次进行培沙。第一次培沙以培到苗木 1/4~1/3 为准，防止一次性培沙过深，苗木因地温过高引起腐烂；第二次培沙应在封冻前进行，以略高出地表为宜，以防积水烂苗。培好后的苗要露出 10~15 cm 梢头，然后在上部盖 20 cm 左右的杂草或玉米秸，防止冻害和失水。

春季购苗在栽植前暂时储藏（假植）时，采取一次性培沙即可。

（三）注意事项

苗木不要储藏在黏土地里，也不要选择在水泥地上储藏苗。苗木储藏沟的四周挖排水沟，防止储藏沟内存水。控制温湿度：温度过高，苗木伤热出现烂皮；湿度过高，则出现霉烂，湿度过低会造成苗木失水影响成活。

五、苗木选择及授粉树配置

（一）选用适宜苗木

根据不同的果园立地条件，选用合适的砧木和苗木类型，保证树体生长发育良好。适宜的苗木是苹果栽培成功的关键。

（二）选用优质大苗

利用优质大苗建园，可以大幅压缩果树生长幼树期，尽快进入结果期，快速收回成本。

选用优质健壮纯正的苗木是建园的第一条原则。苗木的好坏，对建园影响很大，选用劣质苗木，成活率低，整齐度差，果品产量、质量和生产年限都将受到影响。优质大苗为苗高 1.5 m 以上，嫁接口上 5 cm 处测量直径在 1 cm 以上，根系健全，无病虫害的苗木。

优质大苗储运时要加以保护（图 3-3），避免苗木失水或者根系受损严重，影响成活率。采用带分枝大苗建园，最好就近随挖随栽或者选用营养钵大苗，保护好根系，缩短苗木的缓苗期，避免形成僵苗。带分枝大苗经过一年的生长，果树高度可以达 2.5 m 左右，分枝数量增加到 15~20 个，定植第二年每亩就有 1 000~2 000 kg 的产量。注意，建园时一定要假植 10% 左右的苗木作为预备苗，以备补栽。

矮化自根砧苗木根系固地性差，自根砧园的外围尤其是上风头，最好栽植 4~5 行乔化树或中间砧树，以加强防风保护。

图 3-3　带分枝大苗

（三）授粉树配置

苹果必须经过授粉受精，才能完成由开花到坐果直至发育膨大形成产量的过程。授粉受精不完全，坐果率低，产量低，果形不正，质量欠佳。苹果绝大部分品种自花不结实，即使部分品种能自花结实，但结实率很低，因此果园必须配备授粉树，进行异花授粉，才能形成稳定的产量，生产优质果品。

1. **授粉品种选择的原则**　苹果授粉品种与主栽品种一要苗木类型一致，如乔化配乔化，短枝配短枝，矮化配矮化等，以保持果园整齐度。二要共同进入结果期，花期和经济寿命相近，且花粉量大，花粉发芽率高。三要授粉品种与主栽品种亲和力强，且能与主栽品种相互授粉。烟富 8，可用维纳斯黄金、金帅、元帅、嘎拉、华硕、鲁丽、红露等作为授粉品种。

推广应用苹果授粉通用海棠（红玛瑙等），其成花容易，花多，花粉量大，花期长、耐低温，是很好的机械喷粉的粉源。海棠由于果实商品性差，适合园地外围、路边栽植。因长势旺，在地边栽植还有防风固沙的作用。

乔纳金等三倍体品种不能作为授粉品种搭配。

2. **授粉品种配置**　通常主栽品种与授粉树的配置比例为（5~10）∶1，授粉品种距主栽品种最好不超过 30 m。小型果园中，果树作正方形栽植时，授粉树常用中心式栽植，即 1 棵授粉树周围栽 8 棵主栽品种。在大型果园中配置授粉树，应当沿着小区的长边的方向，按列式做整行地栽植，每隔 4~8 行主栽苹果树配 1 行授粉树。山地果园可等高式排列授粉树。在风大的地方，尤其在高山区，授粉树与主栽品种间隔的行数最好少些。

第二节　栽植

秋季或春季栽植均可。秋季至封冻前栽植，因根系正处在第三个生长高峰期，根系可继续生长，吸收土壤水分和养分，并有利于断根愈合和再生，苗木很快与新植地亲和，翌年春季缓苗期短，前期苗木长势旺。对冬季比较寒冷、容易发生冻害的地区，提倡春季栽植，苗木成活率比秋季栽植高。春季土壤解冻后，果树芽体萌动前开始栽植，苗木发芽前栽得越晚，地温越高，成活率越高，前提是待栽苗木的树液未流动未发芽。

有冷库等储藏设施的，可在田间苗木发芽后进行栽植，尤其像新疆等春季风沙大的地区，适当晚栽，成活率更高。

一、烟富 8 苗木类型及树体特点

（一）乔化烟富 8

基砧为神砧 1（八棱海棠优选）。优点是根系粗壮、须根发达，其地上 20~25 cm 处嫁接烟富 8，树体长势壮，抗逆性强（图 3-4）。乔化树树体高大，适应性强，单株产量高，适合稀植。缺点是若管理不善，易出现果园郁闭情况，既影响收益，又不便于田间操作。

图 3-4　乔化烟富 8 苗

（二）矮化中间砧烟富 8

M_{26} 矮化中间砧烟富 8 苗木，一棵苗木由三部分组成：基砧为神砧 1（八棱海棠优选），中间砧段为 M_{26}，起矮化作用，长度为 20~25 cm，在 M_{26} 中间砧上部再嫁接烟富 8 品种（图 3-5）。M_{26} 矮化中间砧树，冠径小，树体丰满，成花容易，结果早，果品质量好，亩产量高，适合密植及机械化操作。矮化树应在肥水条件优越的肥沃地块栽植，大肥、大水管理，丘陵薄地不宜选择矮化苗。

（三）矮化自根砧烟富 8

基砧为矮化自根砧 M_9T_{337}，在地上 25~35 cm 处嫁接烟富 8 品种接穗（图 3-6）。树体矮化效果明显，树体矮化性状和早果性比中间砧好，更适合矮化密植和省力化栽培。

图 3-5　M_{26} 矮化中间砧烟富 8 苗

二、确定栽植密度

当前比较理想的密度，乔化苗提倡用 3 m×4 m 株行距，中间砧苗木提倡 2 m×4 m 株行距，矮化自根砧苗木提倡（1.2~1.5）m×4 m 的株行距。具体的栽植密度可以根据当地的栽植需要做适当调整。栽植前，应根据行距拉绳栽植，在拉绳前可在绳上根据株距做出标记或涂上颜色作为栽植点，待绳子拉直固定后就可栽植了。

图 3-6　M_9T_{337} 矮化自根砧烟富 8 苗

三、挖栽植沟或栽植坑

按栽植行挖宽 50 cm、深 40 cm 的栽植沟或 40 cm 见方的栽植坑。在栽植沟及栽植坑外，每株树用 1~2 kg 生物菌肥与土混拌均匀后回填到栽植沟或栽植坑内（不能使用氮磷钾化肥，以免烧根）。这里需要强调的是，栽植时如果使用肥料，只能用纯生物有机肥或生物菌肥，不能使用复合肥和未发酵的鸡粪、猪粪或其他没有发酵的肥料。

四、苗木处理

（一）苗木分级

苗木从储藏沟取出后，为了确保栽后园相整齐一致，栽前对苗木进行分级，大苗、壮苗集中栽于一片，小苗、弱苗栽于另一片，确保栽植时每行苗木整齐划一。

（二）根系修剪

将苗木病根、断根进行修剪，剪口剪成斜茬，以利于愈合促生新根（图3-7）。

（三）苗木浸泡

将所有苗木整株用水（最好流水）浸泡24~48 h，让苗木吸足水，可以显著提高苗木成活率。水温低可多泡几天，水温高可少泡几天。要把苗木整株进行浸泡，不可只泡根部。不能用盐碱水、污染的水浸泡苗木（图3-8）。

图3-7　修剪根系

（四）剪除塑料绑布

将苗木嫁接口处的塑料绑布剪除，以免栽植后勒伤树体（图3-9）。

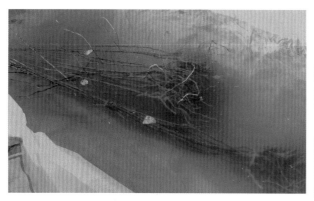

图3-8　整株苗木全泡

图3-9　割除塑料绑布

（五）苗木消毒

浸泡过的苗木稍微风干，再放入由500倍50%多菌灵和500倍井冈霉苷素配成的溶液中浸泡5~10 s，然后捞出，再进行栽植。目的是杀灭苗木上的病菌，预防栽植后病菌侵染危害苗木。栽植前，将苗木根系放入生根液中处理一下，可明显促进生根，提高成活率。

五、栽植技巧

（一）春季栽苗

1.栽植方法　在年降水量500 mm以上的地区要起垄栽植，尤其是矮化密植园，起垄高度在30~40 cm，宽2 m左右，这样可以增加活土层的厚度，同时在雨季可以防涝。

苗木放进定植沟或定植坑后，要将苗木根系全部伸展开，再开始培土，培土至一半左右时，将苗木轻轻向上一提，使根系伸展，轻踏，然后继续培土至合适深度。

2.栽植深度

（1）乔化苗　以起苗土印为准，培土千万不能超过嫁接口，以免影响苗木成活和生长发育。

（2）矮化中间砧苗　深坑浅栽，栽植时栽到起苗土印，当年6月、7月、8月随施肥逐步培土，根据地理条件及树体长势，砧段最终露出地面5~10 cm（土质差露5 cm，土质好露10 cm）。

（3）矮化自根砧苗　栽植时栽到起苗土印处，成活后，逐渐培土至以砧木段露出地面5~10 cm为宜。

这里需要提醒的一点是，栽植苗木不能过深，过深苗木不长或死亡，以栽到起苗时土印处为宜。

3.浇水　覆膜　苗木栽植前，要先灌一遍定墒水（底水），要大水灌透。栽后立即浇定根水，促使根系与土充分结合，没有空隙，然后覆盖黑色地膜（图3-10），保墒、提温、防草，对提高栽植成活率、缩短缓苗期和加速苗木生长都有显著作用。

4.定干　苗木高度1 m左右的可在50 cm处定干；苗木高度1.5 m左右的可在0.8~1 m处定干；苗木高度2 m左右的可在1.2~1.4 m定干。

原则是在春梢饱满芽处定干。苗木定干后要及时封闭剪口，防止失水和病菌感染，促进愈合，提高成活率。

5.刻芽或点涂发枝素　苗木定干后，马上进行刻芽。用刻芽刀从定干剪口下第五芽开始进行芽上刻痕，往下每隔3个芽一刻，至距离地面60 cm处，促进新梢按不同方位均衡萌发。刻芽后对刻芽苗段套塑料保湿袋进行保护，萌芽长到2 cm左右对塑料保湿袋进行开孔放风炼苗，3天后摘除塑料保湿袋。

图3-10　浇水覆膜

也可在芽体萌动时，用毛笔蘸发枝素"代刻芽"5倍+"有机硅"2 000~3 000倍混合液，逆向涂在芽眼处，每隔3个芽一涂。

6.立竹竿　为了扶正主干，培养中干强直的丰产优质树形，栽植后在苗的北面，距苗5 cm左右立竹竿，并将苗木与竹竿绑缚2~3道，以增强抗风、抗折能力（图3-11）。栽植矮化树，应在栽植前立好水泥柱，栽后拉铁丝，然后立竹竿绑缚。有条件的果园，可在立好水泥柱后，加装防雹网，防止冰雹灾害和果实成熟期的鸟害。

图3-11　立竹竿

（二）秋季栽苗

1. 栽植前苗木的处理

（1）苗木浸泡　泡苗时间要针对不同区域或泡苗水温做适当的调整，水温低可多泡几天，水温高可少泡几天，总之泡苗时间要保证不少于 48 h。

（2）根系修剪　该工作是保证栽苗后快发根、多发根和提高苗木成活率的重要环节，因为根系修剪和树上修剪是一个道理，粗根重修剪，对促生新根有很大的作用。根系粗度超过 0.2 cm 的，都要进行修剪，修剪时要做到根越粗，修剪应越重。

2. 栽苗

（1）栽前准备　把苗木的嫁接倾斜角统一放在株间，这样可以做到栽后园相整齐规范。苗木栽植前，要浇好定墩水，放好防鼠网，然后栽植苗木。

（2）栽苗深度　乔化苗栽植深度可直接栽到苗木出土印。矮化中间砧苗栽植培土到出土印，翌年 6 月底可培土到中间砧段的 1/2 处为标准，9 月底培土到中间砧段留在地面 5~10 cm 即可。矮化自根砧苗，栽植深度以栽到苗木出土印为准，翌年 5 月第一次培土可培到自根砧段的 2/3 处，6 月底第二次培土到砧段离地面 15 cm，9 月底第三次培土到砧段离地面 5~10 cm 即可。

（3）培土及定干　苗木栽植培土时，要轻踏沉实土壤，保证根系与土壤充分接触。栽后立即浇定根水（大水），促使根系与土充分结合，没有空隙，提高成活率。

栽后合理定干，苗木高度基本与春季栽苗相同。

无论栽植哪个规格的苗木，栽后进行定干时都要坚持一个基本原则：在春梢饱满芽处重定干，尽量不要刻意要求高定干。苗木定干后要及时用愈合剂封闭剪口，防止病菌感染，促进愈合。冬季温度较低的地区，建议秋季栽植时不定干，待翌年春季发芽前进行定干。

培高防寒土。各地冬季温度不同，秋季栽植后，可根据当地温度情况，适当增加培土高度，将苗木嫁接口培在土中，增加苗木抗寒能力。当地冬季温度过低，尤其易出现枝条抽条的地区，建议将苗木全部培土防寒。即浇定根水后，在苗木周围培土高度达 30~50 cm，并踩实（有利于把苗木压倒培土时不伤苗），然后将苗木向株间同一方向倾斜压倒，全部培于土中。倾斜压倒困难的粗大苗木，也可采取基部培土，上部缠敷塑料等办法进行防寒。

3. 其他管理

（1）浇封冻土　土壤封冻前要浇一遍封冻水。

（2）刻芽或点涂代刻芽　秋栽苗木，翌年春季发芽前，从定干剪口下第五芽往下，每隔 3 个芽在芽上方刻一刀，刻至距离地面 60 cm 为止。刻芽后最好喷 1 遍 50% 多菌灵可湿性粉剂 500 倍液进行全株消毒，然后套保湿袋，目的是防虫保湿，提高成活率。也可用点涂长枝素代替刻芽，方法同春季栽苗。

（3）立竹竿　目的是扶正主干，利于培养中干强直的丰产优质树形。

第三节　果园生草、覆盖和间作

一、果园生草

世界苹果生产先进国家均实行果园生草，生草栽培将是我国苹果生产发展的必然趋势。传统果园管理，推崇地面精耕细作，地面越光洁越好。普遍认为地面杂草果树争肥水。谁家果园地面有草，谁是懒汉。长而久之，都是以地面干净无草为荣。随着社会的发展，现代果园栽培管理中，人们对地面杂草的认识已发生天翻地覆的变化，果园人工种草、自然生草和果园覆草的生草栽培，已成为果品高产优质和提质增效的基本措施。

图3-9　果园人工种草覆草

生草分为自然生草和人工种草（图3-9）。人工种草的草种主要有：鼠茅草、三叶草、油菜等。果园生草常与覆草配合使用。覆草种类不限，玉米、小麦、油菜、水稻、棉花等作物秸秆及杂草、破旧草帘、草包等都可以。覆草方法详见本书中介绍。

（一）果园生草的好处

1. **培肥地力**　根据有关测试，种草1年可使土壤有机质含量提高0.1%~0.3%。种草3年土壤有机质含量比清耕果园明显提高（表3-1）。

表3-1　生草果园与清耕果园土壤有机质含量测定表

测定时间	生草园（%）	清耕园（%）	比清耕园高（±%）
5月15日	1.45	1.23	17.89
7月15日	1.10	0.81	35.80
9月15日	1.03	0.84	22.62
全年平均	1.19	0.96	23.96

有的果农担心草与果树争肥，其实大可不必担心，因为草类多数为浅根的喜氮植物，在果园中大多数吸取的是表层 10 cm 左右土壤中的氮素等无机营养，草根与果树根系不在一个层次，很少与果树争肥。并且生草通过刈割自然死亡后，草类本身会转化为有机质，吸收的无机营养变成果树更容易吸收利用、有利于果树生长的有机营养，可明显提高土壤有机质含量，培肥地力。有人做过计算，大多数草类的养分回馈是索取的 30~40 倍，甚至更多。

2.**改良土壤及改善土壤生态** 杂草根系在生长中，从土壤中争得了各自应有的空间，等杂草死亡后，根系部位会成为上下通透的管道，无意中改变了土壤的通气性。对板结、贫瘠化、盐渍化以及酸化土壤都有明显的改善。生草栽培的果园土壤，两三年后，土壤质地明显得到改善，土质松软，土壤肥沃。生草栽培的果园，翻开土表，能看到土壤中蚯蚓等改良土壤的地下小动物明显增多。

3.**抗涝** 果园生草可提高土壤酶活性及活力，改良土壤的理化性质、通气性、抗蚀力和土壤微生物群落，增强果树的抗涝能力。多年生草明显改变了土壤的通气性，降水多积水时间长时，生草的果园因为土壤透气性好，果树根系往往不缺氧。果园发生严重涝灾时，生草果园涝死的果树很少，清耕无草的果园死树成片。

4.**抗旱** 果园生草提高了土壤供肥、保肥和保水能力，提高了果树的抗旱能力。生产中看到，在雨水多和果园浇灌后，地面生草就像海绵一样吸收储藏水分，天气干旱时，释放水分供果树生长发育。同时，生草栽培因为覆盖地面，可明显减少土壤水分蒸发，提高果树抗旱能力。

5.**防水土流失** 生草下面的土壤相对湿润，而无草光秃裸露地面土壤都是干燥的，可能被风吹走。当雨季来临时，生草处的泥土不会轻易流失，而光秃无草地带雨水会将沙土及肥料一起冲走。尤其是山坡地，如果没有草，土壤里的肥料，百分之七八十都会流失掉。生草栽培增强了土壤缓冲能力，涵养了水源，减少了水土流失和环境污染，维护了生态安全。

6.**调温调湿** 生草可以调节果园温湿度（表3-2、表3-3）。生草增加果园湿度，果园干旱时释放水分，土壤水分多时可储藏水分。果园生草可降低风速，减少土壤温度和湿度的明显波动。果园生草在冬春低温季节具有增温作用，夏秋高温季节具有吸热降温效应。

表 3-2　生草园、清耕园地表温度和土壤湿度测定表　　（山东莱山，2015 年）

测定日期	生草园		清耕园		生草园与清耕园相差	
	温度（℃）	湿度（%）	温度（℃）	湿度（%）	温度（℃）	湿度（%）
6月15日	25.1	56.5	27.2	41.8	-2.1	+14.7
7月15日	26.3	74.1	29.5	59.2	-3.2	+14.9
8月15日	27.4	86.3	30.8	75.3	-3.4	+11
9月15日	24.9	76.4	27.3	65.6	-2.4	+10.8

表3-3　5cm土温测定表　　　　　　　　　　　　　　　　（山东莱山，2015年）

试验处理	7~8月		11月至翌年4月	
	平均温度（℃）	降低（℃）	平均温度（℃）	提高（℃）
生草园	25.3	5.3	7.7	2.9
清耕园	30.6	—	4.8	—

7. 增加害虫天敌　果园土壤及果园空间富含寄生菌，改变了生物群落结构，丰富了生物多样性，增加了害虫天敌种类和数量，有效制约了害虫的蔓延。

8. 改变害虫的危害方式　由于杂草鲜嫩，离地面近，便于害虫取食，草地温湿度又合适，很多害虫多在生草上活动，很少上树危害果树或果实（表4-4）。

表4-4　生草园与清耕园病虫害调查表

试验处理	绣线菊蚜		山楂叶螨		绿盲蝽		黑点病	
	虫量（头/梢）	减少（%）	虫量（头/叶）	减少（%）	被害梢量(梢)	减少（%）	病果率（%）	减少（%）
生草园	361	42.1	0.53	17.2	28	28.2	15.4	27.7
清耕园	623	—	0.64	—	39	—	21.3	—

总之，果园之草为宝中宝，现在千万莫锄了（也莫用除草剂）。果园连草都不长，果树也很难长好。有草的果园旱天旱不死，雨天涝不坏，旱涝都丰收。有草的果园果实品质好，省心省力，土壤、果树和果农都安康。草是果树的保镖，果树的服务员，果树的空调器。果树生草栽培是实现果树产业可持续发展的现代土壤管理模式。

（二）果园生草栽培的注意事项

果园生草一定要控制草的高度，千万不可长得过高，以免影响果树的通风透光。除了及时刈草外，还可用"碾压"的方式，即当草长到一定高度时，开车带一拖板走一趟，把草压平。连续几年以后，草体生长更贴近地面。压平以后，伏倒的草就慢慢腐烂，成为有机肥。

二、果园覆盖

常用的覆盖方法有覆草、覆沙、覆园艺地布或地膜。

覆草主要是把麦秸、玉米秸、稻草、棉花秸、豆秸等作物秸秆和杂草覆盖在树盘上，一次覆盖15~20 cm厚，可减少土壤水分蒸发，保墒效果好。这些作物秸秆和杂草腐烂后，回归到土壤中，可提高土壤有机质含量，改善土壤结构。

没有水浇条件的果园，采用覆地膜或覆沙、覆草等方法，减少地面蒸发，保墒降碱，提高地温，现已被广泛使用。

规模化集约化果园，树下覆盖园艺地布或地膜效果更好。果园覆盖，除了覆沙外，覆盖物都不要离树干过近，以免对树干造成危害。

三、果园间作

烟富8幼龄果园，可以实行果园间作矮秆农作物、蔬菜和中药材等作物，充分利用果园空间，增加果园前期经济效益。果树树体高大，根系较深，能够占据地面上层空间和利用深层的土壤营养与水分；间作物相对矮小，可以利用近地面空间和浅层土壤营养与水分。果树与低矮间作物互补搭配而组建成具有多生物种群、多层次结构、多功能、多效益的人工生态群落。通过果园间作能够提高光能利用率和土地利用率。果园间作，增加了地面覆盖度，改善了果园生态，改良了果园土壤。

在果园科学合理地间作一些农作物，不但可增加收入，而且能调节果园的肥水，加速果树生长。但选择不当，也会产生不利影响。应注意以下方面：

☞ 宜间作甘薯、豆类、番茄、黄瓜、辣椒、甘蓝、菠菜、大白菜、大蒜、圆葱、大葱、韭菜、方瓜、西瓜、甜瓜、草莓等农作物。试验证明，重茬果园在树盘间作大葱，对防治果园重茬病效果很好（图3-10）。不宜在果园间作小麦、玉米、高粱等高秆作物，以免影响果园通风透光。

☞ 宜种植与果树共生期较短的作物，如油菜、蚕豆、大蒜等。不宜间作生育期长，特别是多年生作物，以免影响果树管理。

☞ 宜种植浅根且主根不发达的蔬菜作物以及浅根类中药材，或者间作豆科作物，如黄豆、豌豆及苜蓿草等绿肥草类。不宜间作根系发达、扎根较深的作物，以免与果树发生争肥、争水的矛盾。

☞ 间作物要尽可能离果树远一些，一般以在树冠垂直投影50 cm之外为宜。不宜将作物紧挨着树干或在树盘以内间作栽种，以免妨碍对果树的管理，影响果树的正常生长。

图3-10　果园间作大葱

第四章　烟富 8 树体管理

导语：一年树谷，十年树木。烟富 8 树体分地上部和地下部两部分。地下部为根系，地下与地上部分的交界处为根颈部，地上部包含主干和树冠。树冠由骨干枝、枝组与叶幕组成。主干和树冠构成树形。野生果树的树形是自然形成，人工建园果树的树形是根据需要，人工培养（塑造）的。

第一节　栽植当年的管理

果树栽植管理以成活为原则，以主干生长为中心，以增枝扩冠早成花结果为目的。

一、浇水

根据天气情况，要浇小水，尽量不要浇大水，浇水过大、过频容易造成土壤板结，又降低地温，不利于根系发育生长。要小水勤浇，保证适宜的土壤湿度，不能过干或过湿。土壤封冻前浇封冻水，要浇大水，以利于苗木安全越冬。

优化浇水方式，有条件的安装微灌系统进行节水灌溉，既保持水土，又不造成土壤板结，提高土壤透气性，还容易控制树体的生长，调节树体营养平衡，提高肥料的利用率，科学合理供应水分，让果树健壮生长。

二、施肥

新定植的烟富 8 苹果幼树，苗木缓苗期需要 60 天左右，质量稍差一点的苗木缓苗期需要 80~90 天。在苗木没生新根时千万不能急于施肥，一定要等 6 月生出新根（新梢长度达 15 cm 以上），并且具有吸收能力时再施以高氮、高磷速效肥料，少量多次进行施肥。

（一）春夏施肥

第一次：在新梢长至 15 cm 以上时（此时根系开始生长），株施德美碧天然水溶肥 N-P-K（20-48-3）25 g。

第二次：株施德美碧天然 N-P-K（20-48-3）水溶肥 50 g 左右。

第三次：株施德美碧天然 N-P-K（20-48-3）水溶肥 75 g 左右。

第四次：株施德美有机碳 N-P-K（21-21-21）水溶肥 100 g 左右。

第五次：株施德美有机碳 N-P-K（21-21-21）水溶肥 150 g 左右。

从第一次开始，每隔 15~20 天随浇水施肥 1 次。随着树体生长，施肥量逐渐增加，第五次以后每间隔 15~20 天施用 1 次德美有机碳 N-P-K（21-21-21）的水溶肥，全年株施水溶肥 6~8 次，共500~750 g 为宜。

（二）秋施基肥

烟富 8 苹果幼树，施基肥可提早到 9 月，在距离主干 30 cm 左右挖环状沟或深 30~40 cm、宽 20 cm、长 50~60cm 的 3~4 个放射沟，密植园顺行间距主干 40 cm 位置开深 30~40 cm 的施肥沟。株施基肥用量为 2~3kg，生物有机肥 + 复合肥 + 中微量元素肥料比例为 2：1：0.5，建议使用"大渠到（有机无机生物肥）"+ 中微量元素肥。

（三）叶面喷肥

前期叶面喷施尿素 300 倍或德美高氮高磷水溶肥 500 倍 +1 000 倍腐殖酸肥料"欧田甲"，有利于促进枝叶快速生长。后期喷施磷酸二氢钾 300 倍或德美高钾水溶肥 +800 倍腐殖酸肥料"欧田甲"，有利于花芽形成和枝条发育充实。

三、生长季整形管理

（一）春夏季管理

中干剪口下第一个芽作为中央领导干培养，其他新梢生长到 15~20 cm 时，用两头尖的牙签顶开基角 90° 以上（图 4-1）。

（二）秋季拉枝

8 月下旬至 9 月中旬，为秋季拉枝的最佳时机，可用自制长 " ⌣ " 形钩或绳子等进行拉枝（图 4-2），使各分枝倒挂顺直延伸。长度达到株距一半的枝开张角度要达 100° ~ 110°。对偏冠树，可在缺枝一侧地下适当位置钉一长约 40 cm 的木橛，将多枝部位的枝条拉到缺枝位，密枝处拉到稀枝处，力争达到枝条分布均匀。

四、果园土壤管理

土壤是果树赖以生存的载体，也是果树能否健康生长的基础。但是长期以来，由于人们不合

图 4-1 牙签开角

图 4-2 用 " ⌣ " 形钩别枝开角

理的土壤管理方式，不合理的施肥习惯以及环境污染等原因，造成很多土壤问题。

（一）土壤管理主要存在的问题

☞ 土壤板结，透气性差，土壤结构遭到破坏。

☞ 土壤有机质含量低，土壤营养元素不平衡。

☞ 土壤酸化或土壤盐碱化严重。

☞ 土壤污染，重金属元素超标。

☞ 土壤中的有益微生物减少，有害微生物增多，土传病害加重。

☞ 水土流失较重，造成营养元素流失。

以上这些问题导致土壤地力下降，土壤结构失衡，使苹果产量和风味品质下降，果树生理病害严重等连锁反应。

（二）解决措施

每年结合秋施基肥，增加有机肥的施用量，培肥土壤，提高土壤肥力。另外也可以进行秸秆还田或种植绿肥、果园生草等，结合深翻还田增加土壤有机质。

五、病虫害防治

新栽幼树，根据病虫害发生情况，适时用药防治病虫害，力求枝干叶片完整。新栽幼树容易发生干腐病危害，栽植时要做好苗木消毒。秋季最易被大绿浮尘子产卵危害，应在深秋霜降日（一般10月中旬）前后一两天，对树干、枝叶及杂草同时喷洒斩春（20%高氯·马乳油）2 000倍液或黑格比（0.2%甲维盐·10.3%甲氰菊酯乳油）1 500倍液灭杀。其他病虫害防治参阅第八章。

六、树体保护

（一）叶面喷肥

落叶前1个月开始对幼树喷施2~3次1%~3%尿素和0.5%硼砂，可增加树体储藏营养，提高树体抗寒能力。

霜降以后不落叶的园片，一定要人工喷施5%~8%尿素催落叶，以促进枝干充实，增强抗冻能力。

（二）浇封冻水及培土

冬季温度较低，果树封冻前要浇防冻水。由于各地区气候不同，防冻水灌溉时期也有差异，具体时间以当地早晨见冰，中午即化时浇防冻水为宜（图4-3）。同时适宜的土壤含水量，又为翌年果树生长提供良好的生长条件。

冻害较重地区幼树要进行培土防冻处理，将树干培土30~50cm，防止根颈冻害和发生枝条抽干及树干冻害的发生。

（三）树干保护

冬季对苹果幼树树干缠布条或塑料膜，可以保护树干。也可就地取材，用杂草在树干上绑草把，防冻效果也很好，草把还可诱集越冬害虫，早春要及时解除深埋或集中烧毁。有条件的可喷施防冻剂，提高果树的抗冻能力。

图4-3　浇封冻水

（四）树干涂白

浇封冻水后对树干涂白（图4-4），可有效预防树干冻害，同时减少病虫对果树的危害。果树落叶前，树上的多种害虫开始顺着树干爬到树皮缝隙及地面潜藏越冬，树干基部的树皮内本身就是藏匿害虫、虫卵和病原体的重要场所。"涂白剂"是很好的杀虫杀菌药剂，涂白可以杀死寄生在树干上的一些越冬的真菌、细菌和害虫，破坏病虫的越冬场所，可以显著减少下一年病虫害的发生，起到很好的防病治虫的效果，特别是对在树皮里越冬的螨类、蚧类等害虫作用尤佳。同时在野兔比较多的地区，涂白又可预防野兔啃食危害树干。

树干涂白高度为80~100 cm。涂白液配法：水 10~12.5 kg、生石灰 1.25~1.5 kg、硫酸铜（或石硫合剂）0.4~0.5 kg、食盐 0.15~0.25 kg、植物油 0.15~0.25 kg、动物血（或鱼汤）0.15~0.25 kg。

图4-4　树干涂抹涂白剂

第二节　栽植第二年的管理

苗木栽植第二年，以促进枝叶生长，加快树体营养生长为基础，逐渐向生殖生长转换，以适量结果和促进花芽分化为目的。

一、生长季节整形修剪

（一）涂芽促萌

1. **中干缺枝部位和中干延长枝**　芽萌动期点涂发枝素（5倍"代刻芽"加2 000倍的渗透剂有机硅），促发分枝。从中干上一年最上部分枝以上5~10 cm开始点涂第一个芽，再依次向上，每隔3个芽一涂，一直向上涂到顶端第五芽（顶端以下5个芽不涂）。

2. **结果分枝**　清明前后对结果分枝进行点涂发枝素（5倍"代刻芽"加2 000倍的渗透剂有机硅），点涂后所萌发枝条成花效果理想。分枝基部10 cm左右不涂，新梢前端1/3不涂，中间段多涂。背上芽不涂，只涂两侧及背下芽，促使多生中短结果枝。

（二）开角、拉枝

中干上促发的新梢长到15~20 cm时，用牙签开基角。春季对个别粗、壮、旺、长枝条可再次应用长"⌣"形钩或绳进行拉枝，调整角度，平抑长势。

（三）适时环切

分枝萌发的新梢60%以上长到5 cm时，在其基部5~10 cm处（原则为第一个分枝后）进行环切，促进成花。5月下旬至6月上旬（间隔8~10天）对长势强旺的枝条可再次进行环切。弱树弱枝不切，枝条粗度不足0.5 cm（筷子粗）的不切；枝条粗度达0.8 cm（香烟粗）的切一次；枝条粗度达1.2 cm（手指粗）以上的切2~3次。不允许环切中干，避免对树体造成终身伤害。环切口萌芽选择性抹去或保留。

（四）背上枝处理

对于两侧短枝丰满的背上旺梢，要及早去掉；两侧有空间的将背上梢引（拧）向两侧空缺处。

（五）拧梢

对于两侧有空间的斜背上和背上旺长枝，可在新梢长到 10~15 cm 半木质化时，在靠基部 1 cm 左右进行拧梢，控制旺长，促进成花。对仍有旺长现象的新梢，间隔 10~15 cm 再拧 1 次。超过 20 cm 的新梢可进行一次性拧 2~3 道。

（六）其他处理

对于有长久主枝的树形，主枝两侧要培养结果枝吊（组）。梢头要及时清理，确保单轴延伸。主干一年生延长部位管理同第一年。

二、冬季（翌年 2~3 月）整形修剪

（一）平衡中干

树体健壮，高度达 2.5 m，不再进行中干延长枝截剪。

树体较弱，高度不足 2.5 m 的，继续剪截中干延长枝。

（二）清理梢头

利用 5~15 cm 长的小枝结果，30 cm 以上的无花枝条可进行斜打马耳疏除，并对所有延长枝清头修剪，保持单轴延伸。

三、肥水技术

树龄 2 年以上的树，追肥时期为萌芽前后和花芽分化期（6 月中旬）。二年生树施肥量是一年生树的 2 倍。

（一）春夏施肥

烟富 8，定植第二年清明前后第一次追肥，萌芽前第一次株施 N-P-K（20-48-3）高氮高磷水溶肥 150 g。

第二次追肥在 5 月上中旬，株施 N-P-K（20-48-3）高氮高磷水溶肥 150 g。

6 月下旬进行第三次追肥，改用 N-P-K（20-20-20）高氮高磷高钾水溶肥 150 g。

7 月下至 8 月下旬进行第四次追肥，N-P-K（20-20-20）高氮高磷高钾水溶肥 150 g。

（二）秋施基肥

烟富8施基肥时间为9月，在距离主干40~50 cm挖环状沟或深30~40 cm，宽20 cm，长50~60 cm的3~5个放射沟。根据树体生长情况，株施基肥用量为8~12 kg，生物有机肥＋复合肥＋中微量元素肥料比例为3∶1∶0.2。

（三）叶面喷肥

前期叶面喷施300倍的尿素或者400倍德美碧天然（高氮高磷型）水溶肥，有利于促进枝叶快速生长。后期喷施300倍的磷酸二氢钾或300倍德美美施特水溶肥，有利于花芽形成和枝条发育充实。

（四）浇水

除了封冻水要大水漫灌外，其他时候浇水要结合施肥，根据果树需水规律和土壤、天气情况进行小水勤浇。

四、病虫害防治

病虫害防治要以防为主，防治结合。幼树病虫害较少，根据发生情况及时用药，力求保叶完整。重点防治蚜虫和早期落叶病（防治措施参阅《苹果病虫害识别与防治图谱》）。

五、树体保护

参照栽植当年防治措施。

第五章　果园管理

导语：果园管理是丰产稳产的保障，土、肥、水管理要科学，花果管理要细致，整形修剪更要合理，缺少任何一个环节，都会影响产量与品质，不可轻忽！

第一节　土肥水管理技术

一、果园土壤管理

（一）栽植前准备

烟富 8 在栽植之前（秋后封冻前），对于丘陵山地，黏土地或沙土地要进行深翻改良。用挖掘机进行全园深翻，深度达 80~100 cm。现有果园，结合秋施基肥进行深翻，要将表土、深层土分开放，不打乱土层。结合施入经过腐熟的有机肥将作物秸秆、杂草等有机物与表土充分混合后，放在下层均匀施在根系集中分布层，每亩施入农家肥 4 000~5 000 kg。

客土改良，黏土通过压沙，沙土地掺黏土来改良土壤质地。

（二）调理土壤的酸碱度

不论碱性土壤还是酸性土壤，增施充分腐熟的有机肥或者商品有机肥，都是改良土壤最有效的方法，通过增施有机肥，增加土壤有机质，改善土壤的缓冲能力。

对于 pH 8 以上，严重影响果树正常生长的盐碱地，土壤必须改良处理，地面覆盖 15~20 cm 的草或铺 10 cm 厚的沙，减少水分蒸发，防止返碱。以淡水洗碱，挖排水沟，定期引淡水浇园，把过多的水分排出园外，通过淋洗降低土壤盐碱度。碱性土壤施用碱土调理剂及石膏、磷石膏等以钙离子交换出土壤胶体表面的钠离子，降低土壤的 pH。

酸性土壤施用酸土调理剂"波美度"，降酸改良，提高土壤 pH，提高土壤中交换钙的含量，促进树体对养分的吸收和利用，减少苹果果实苦痘病的发生，从而提高优质果率。而"波美度"使用效果优于生石灰的效果，"波美度"调酸补钙，防治苦痘病的效果非常显著（表5-1）。

表5-1　土壤调理剂"波美度"对土壤和果实的影响

处理	pH		交换性钙含量		苦痘病	
	实测值	比对照（±）	实测值（mg/kg）	比对照（±）	病果率（%）	比对照（±%）
"波美度" 2.5kg	5.5	0.9	3.56	1.35	13.16	62.65
"波美度" 4kg	6.0	1.4	4.12	2.01	8.54	75.76
生石灰2.5kg	5.1	0.5	2.89	0.68	21.35	39.40
生石灰4kg	5.4	0.8	3.33	1.12	15.57	55.80
对照	4.6	—	2.21	—	35.23	—

二、果园施肥技术

庄稼一枝花，全靠肥当家。果树的生长发育和果品的高产优质都离不开科学施肥。果园科学施肥，可以控制和改良影响果树生长的一系列障碍因子，为果树创造水、肥、气、热协调的立地条件，使之有稳定的根系活动层，从而达到养根、保叶、壮树、稳产、优质、高效的栽植目的。

（一）果园施肥常见问题

1. 肥料选用不科学　单一施用速效复合肥料，以氮、磷、钾肥为主，不用或者少量使用有机肥，不注重全营养施肥。还有部分果农只选质量差的便宜肥料，选肥、用肥不科学不合理，导致果树生长发育不良、果品产量低、质量差。试验表明，双颗粒的"龙飞大三元"的肥效好，果品产量和果实含糖量都比较高，好肥料增产提质的效果明显（表5-2）。

表5-2　烟富8不同基肥对果树生长的影响

调查时间	肥料	枝条生长量长度(cm)		产量（Kg/株）	优质果率（%）	果实糖度
		春梢	秋梢		80mm以上	可溶性固形物含量
2015年	"龙飞大三元" 16Kg/株 + "多"美丰" 0.5Kg/株	54.8	13.0	71.2	86	13.3
	"云丰" 16Kg/株+ "多美丰" 0.5Kg/株	51.4	11.5	70.6	84	13.1
2016年	"龙飞大三元" 18Kg/株 + "多美丰" 0.5Kg/株	50.7	13.2	79.3	88	13.9
	"云丰" 18Kg/株+ "多美丰" 0.5Kg/株	43.3	11.6	71.9	81	13.0
2017年	"龙飞大三元" 20Kg/株 + "多美丰" 0.8Kg/株	45.9	11.0	84.2	91	14.2
	"云丰" 20Kg/株+ "多美丰" 0.8Kg/株	40.1	10.5	72.6	78	13.2
2018年	"龙飞大三元" 22Kg/株 + "多美丰" 1.0Kg/株	42.8	11.2	88.3	95	14.2
	"云丰" 22Kg/株+ "多美丰" 1.0Kg/株	38.3	10.6	75.7	75	13.3
2019年	"龙飞大三元" 25Kg/株 + "多美丰" 1.2Kg/株	40.5	9.0	96.2	92	14.6
	"云丰" 25Kg/株+ "多美丰" 1.2Kg/株	35.2	6.5	78.6	71	13.5

2. 施肥方式不科学　为了图省事，只注重地面施肥，不注重地下施用有机肥，长此以往导致土壤板结，果树根系生长发育不良。有的甚至单一地使用果树涂干施肥代替了其他施肥方式。

3. 施肥时间不合理　没有根据果树的需肥规律而进行施肥，靠经验施肥，不能在合适的时期给肥，果树不吸收，造成肥料流失污染环境或引起土壤障碍，结果不仅造成肥料极大的浪费，还导致土壤不健康，影响果树的正常生长发育。

4. 一次使用量过大　有的果园一棵树一次就施用化学肥料 5~10 kg，甚至达 15 kg 之多。之所以出现这种现象，主要是肥料厂家、销售单位，为了多销肥，找了一些所谓名人、典型到处宣传，误导果农。只要有出钱的，就有敢说的；有说的，就有信的。错信宣传者不乏其人。

5. 施用土杂肥时腐熟发酵不彻底　鸡粪、猪粪、牛粪、羊粪等动物粪便，人粪尿，绿肥等众多土杂肥，必须充分发酵腐熟，一是杀灭土杂肥中的病虫害，二是分解土杂肥中难分解的纤维素、木质素等，使之成为可利用状态。否则使用后肥效不明显，甚至还会造成"烧树"现象，给果树造成二次伤害；或者加重土传病虫害，严重影响果树生长发育。

6. 施肥时盲目跟风现象严重　不同品种、不同树龄和不同的发育时期，需肥的种类和数量不同，不可盲目跟风，盲目施肥，必须根据自己的树龄、树势、结果量和不同时期等有针对性地科学施肥。

7. 不注重秋季施肥　果树栽培技术欠发达地区，普遍存在秋季不施基肥或施基肥时间及配肥不合理问题。果树基肥即是"月子肥"，施好"月子肥"是果树全年管理的重中之重，果树管理一年之计在于秋。基肥秋施是金，冬施是银，春施纯属糊弄人。苹果在果实采收后应立即施用"月子肥"，让果树"坐月子"恢复树势。秋施基肥是果树管理的基础工作，基肥施后，其速效的部分可被根系直接吸收利用；基肥中迟效的部分，经过冬季和翌年春季、夏季，逐渐转化为果树根系可吸收利用的营养物质，长效供给。基肥对健壮树势非常重要，对提高产量和质量非常重要，对提高果树抗病、抗寒、抗干旱等抗逆性非常重要，对果树的可持续发展非常重要。

（二）施肥措施

不同地区根据当地苹果的物候期，围绕果树生长发育来进行科学施肥。减少化肥的施用量，增加有机肥和微量元素肥料施用量，根据果树的需肥规律，进行 N、P、K、Ca 等各种元素平衡施肥，按需施肥。一般每生产 100 kg 苹果需施入纯氮 (N)1 kg、纯磷 (P_2O_5)0.4 kg、纯钙 (CaO)0.4 kg、纯钾 (K_2O)0.8 kg。

1. 春季化冻后　春季化冻后，结合灌根进行救根、养根、护根、壮根、生根工作，根好树壮，根好才能有效地吸收利用所施的肥料。在年前施足秋肥的基础上再施用少量的硝硫基复合肥每亩地 50 kg。如果没有施用秋肥，则要加大施肥量，以备果树生长发育之需。

2. 果树开花前　开花前根据树体长势及花量，补充优质的高氮高磷水溶肥，每亩地 20 kg 左右，促使开花整齐、提高坐果率，促进小幼果膨大。

3. 果树谢花后　果树谢花后 1 个月内是苹果的第一个需钙高峰期，因此谢花后，每亩地应立即追施含有氮、钙、硼养分的优质速效水溶肥，如四川德美生产的"超钙硼"20~30 kg，氮、钙、硼同补，不仅能补充果树开花消耗的大量营养，满足幼果膨大对养分的需求，还能快速补钙补硼，有效预防苦痘病、缩果病，提高坐果率。

4. 营养转换期　苹果套袋后（新梢封顶停长，花芽开始分化）营养转换期，也是果树年生长周期中需肥量较大的一次，施肥量直接影响当年的产量和翌年的花量。每亩施用"龙飞大三元"有机无机生物肥150 kg加"丹王"氮磷钾复合肥50 kg。这次施肥量一般为秋季施肥量的20%左右即可，最好是全营养施肥，并且地下追施效果好。

5. 果实膨大期 果树生长的7~9月，要根据果园实际情况，科学合理追施肥料。对于树势偏弱、果个偏小、挂果量偏多的果树，可以从7月底开始少量多次，科学冲施一定量的速效氮肥和高钾型水溶肥，每次每亩20 kg左右即可，效果很好。

此期也正值苹果第二个需钙高峰期，此时应用优质的螯合钙或者氨基酸钙肥每亩地冲施20kg左右，根据果个大小确定冲施次数。

试验证明，谢花后（果树第一次需钙高峰）地面冲施钙肥"超钙硼"20 kg，摘袋前1个月（第二次需钙高峰）地面冲施钙肥氨基酸钙（高钙镁）20 kg，对防止苦痘病、痘斑病、皱皮、裂口及红黑点等缺钙生理病害的发生，提高果品质量效果明显（表5-3）。

表5-3　速效钙肥对优果率的影响

品种	钙肥	优果率
烟富8	超钙硼+高钙镁/氨基酸钙	98.8%
	对照	76.2%

6. 苹果采收至落叶前 秋施基肥，补充果树生长发育消耗的大量营养，按照"早、全、足、深、匀、熟、巧、透"八字方针。施肥要早，9~10月是根系的第三次生长高峰期，此时施肥促进根系生长，断根容易愈合，肥料吸收率高，增加树体的营养储藏，为果树花芽后期分化和翌年的发芽、开花、结果提供营养保证。秋肥营养要全，肥料以有机、无机、长效、多元为特点，有机肥选用优质无公害充分发酵腐熟的土杂肥或优质商品生物有机肥为主，增施生物菌肥，增加有益菌数量，改变土壤微生物种类结构，改善土壤营养物质的转化，加施中微量元素肥料，培肥地力，健壮树势，提高树体抗逆能力。秋肥施用量要足，土杂肥等有机肥要腐熟发酵完全，亩施4 000~5 000 kg优质土杂肥或800~1 200 kg商品生物有机肥，配合施用氮磷钾复合肥100 kg、生物菌肥200 kg、微量元素肥料"微媒"30 kg。秋肥施用时要挖沟深施（图5-1），诱导根系向

图5-1　挖沟深施秋肥

深处生长，增强果树的抗逆能力。秋肥施用时要把各种肥料和地表熟土拌均匀后，施入沟内。秋施基肥要巧，要根据树势树龄和结果数量，灵活调整。秋施基肥后，周后要浇1遍透水，保水条件差的果园，可先浇一遍透水，再施肥。

7. 根外追肥　根外追肥养分吸收快，尤其在花芽分化期喷施氮肥，既有利于花芽分化，又不会引起秋梢徒长。在套袋前喷施优质叶面钙肥可有效预防因缺钙引起的生理病害的发生。目前在国家提倡的药肥双减政策的前提下，果树施肥配合根外追肥，效果很好。根外追肥不受土壤旱、涝、盐碱、沙、黏等障碍因素对根吸收养分的影响，也不受季节限制，可以在生长季节或休眠期喷施，及时合理地为果树提供生长需要的各种营养。试验证明，叶面肥对促进烟富8上色效果很好（表5-4）。

表5-4　不同叶面肥对烟富8上色的影响

品种	叶面肥	着 色 状				
		色相	全红果比例（%）	色差		
				L*	A*	B*
烟富8	400倍美施特（闪溶有机磷钾）+400倍金果100	片红	86	L*	A*	B*
	300倍磷酸二氢钾+400倍金果100	片红	80	68.19	29.32	14.19

色差值：用色差仪均匀地在每个果实的赤道部位测量5次并取平均值，L*值表示果皮亮度，A*值表示果皮红绿色度，B*值表示果皮黄蓝色度。

为了提高果树的抗寒能力，促进花芽分化，10月中下旬（正常落叶前10~15天），第一次喷施0.5%尿素加0.5%硼砂，15天后（11月10日前后）第二次喷施2%尿素加0.5%硼砂，再间隔15天第三次（11月15~20日）喷施5%尿素加0.5%硼砂，促使枝条发育充实，增加树体营养积累。叶片贪青的果园，可促使叶片提前脱落，尽早进入休眠，提高果树抗冻抗抽条能力。另外对于受病虫危害的果树，配合喷施农药加喷叶面肥能尽快恢复树势。对叶螨危害的叶片，喷施氮、磷肥，能促进新叶萌发，较快形成叶幕。

三、果园水分管理

苹果根系、枝、叶、花和果实的生长发育，苹果产量和质量的提高都离不开水，所以水是果树生长、优质丰产的基础，也是果树各器官和产量形成的重要物质。一般来讲，枝、叶、根的含水量为50%左右，而果实中的含水量为80%~90%，因此果园土壤水分状况与果品产量和品质有直接关系。果园水分管理是果品生产的一个重要环节，决不可忽视。

（一）当前果园水分管理存在的弊端

水分对于苹果树非常重要，但是在实际管理过程中浇水却存在许多问题。

1. 灌溉方式不合适　大水漫灌和树盘浇水需水量大，而且大量的水形成重力水而流失，水资源浪费严重。土壤养分随重力水进入地下而流失，同时导致了对地下水的污染。大水漫灌加重水对土壤的侵蚀，压实作用很强，破坏土壤结构和团粒结构的形成，造成土壤板结。尤其西北黄土高原引黄灌溉地区，水资源浪费和土壤板结情况更重。

2. 灌溉的时期不能与苹果需水规律相协调　果树需水时不能及时适量浇水，导致果树饥渴，影响生长发育。不需水时大水漫灌，导致土壤孔隙被重力水所占满，土壤的通气性变差、温度降低，新根发生时间推迟，根系生长受到限制，造成表层吸收根大量死亡。而这些根系的死亡会造成果树营养暂时亏缺，直到新的吸收根生长出来。花芽分化期浇水过多，导致新梢生长旺盛，花芽分化不良。生产中发现，一些果园经过大水漫灌后出现叶片发黄甚至落叶的现象。

3. 只注重灌水不注重保墒　尤其在一些水资源贫乏的地区，只注重灌水不注重保墒，果树所需水分得不到保证，果品产量和质量受到严重地影响。

4. 不注重排水防涝　苹果树需水量较大但也怕涝，尤其雨季排水不畅，果园长时间存水，土壤透气性差，而导致果树生长受阻，甚至落叶、死亡。

（二）果树需水规律

苹果树在整个生长期都需要水分，但一年中需水量随季节和物候期的变化而变化。

1. 春季发芽前后至开花期　发芽前后至开花前土壤湿度应达到田间最大持水量的70%~80%。此期气温低，叶幕小，耗水量少，但如供水不足，则造成发芽不整齐，影响新梢生长及坐果。开花期土壤含水量应达到田间最大持水量的60%~70%。

2. 新梢旺盛生长期　气温不断升高，叶片数量和叶面积急剧增加、需水量增加，称为"需水临界期"。此期必须保证供水，否则将影响到树体和果实的生长发育，但供水太多，往往造成树体徒长，土壤含水量应达到田间最大持水量的70%~80%。

3. 花芽形成期　此期需水较少，土壤湿度应达到田间最大持水量50%~60%。适度的干旱有利于花芽的形成，应适当控水，水分过多将影响到花芽分化，但不可过于干旱，否则影响树和果实的生长发育。

4. 果实迅速膨大期　果实膨大期为"第二需水临界期"，此期气温高，叶幕厚，果实迅速膨大，水分需求量大，土壤湿度应达到田间最大持水量的80%以上。

5. 果实采收前　果实成熟期气温逐渐降低，叶片和果实消耗水分不多，一定的空气湿度有利于果实着色，但水分供应不能太多，否则会影响果实着色，降低果实品质，土壤湿度应达到田间最大持水量的70%。

6. 休眠期　休眠期气温低，没有叶片和果实，苹果树的生命活动降至最低点，根系吸收功能弱，水分需求量少，土壤湿度应达到田间最大持水量的 80% 以上。

（三）灌溉时期

果园是否需要灌水取决于两方面因素：一是根据土壤含水量，二是根据果树物候期及需水特点。苹果成龄树灌溉特点为：前期灌溉，促进枝叶生长，保证开花坐果。中期适当控水，使新梢及时停长，促进花芽分化。果实成熟前土壤保持适当的含水量，有利于促进果实增糖、增色，提高果实品质。一般情况下，分为以下几个灌溉时期：

1. **果树萌动期** 发芽前浇一次透水，保持较高的土壤湿度，促使萌芽，展叶，迅速增大叶面积并保证开花坐果，晚霜冻严重的地区，此时浇水还能不同程度地延迟物候期，减轻倒春寒和晚霜的危害。一般在 3 月中上旬为宜，这一期间气温较低，灌溉用水最宜用水库、水塘的水。井水温度低，最好先提上来储存在水池里，晾晒一段时间，或者让井水流经较长的渠道，经过增温后再用。

2. **花期前后** 花期前后土壤过分干旱会使苹果花期提前，而且花期集中，坐果率低。期前适量灌溉，使花期的土壤水分适中，能明显提高坐果率。但花期前土壤水分状况良好时，不宜大水浇灌，否则会使新梢旺长而争夺养分引起坐果率降低。花后浇水，有助于细胞分裂，果实高桩，促进新梢生长。一般 4 月中下旬为宜，特别干旱年份可适当提前，但花期一般不浇水。

3. **新梢旺长和幼果膨大期** 新梢旺长和幼果膨大期是苹果生长的水分临界期。此时正值春梢快速生长、幼果细胞快速分裂增多，需水量大，同时此时期温度不断上升、蒸发量大，务必保持水分供应充足，否则易导致叶片争夺幼果中的水分，使苹果果个偏小或产生畸形、偏斜果等。严重干旱时，叶片和根系争水，影响根的吸收作用，使果实生长变缓，产量降低。正常年份此期已进入雨季，必须根据天气情况灵活掌握，干旱则浇小水，降水多则要排涝，因水分过多会影响到花芽分化和果实生长，降低当年的果品产量和质量及翌年的花量。

4. **果实采收前** 果实采收前适当灌水能增加果实中水分含量，降低果园温度，增加果园湿度，减轻摘袋后果实日灼现象的发生。但灌水过多将影响果实着色和降低果实品质。

5. **果实采收后** 此期为根系生长高峰期，秋施基肥后如土壤干旱应结合施肥适当灌水。此期灌水可提高叶片的光合效能，促进根系生长，增加树体的储藏营养。

6. **封冻水** 土壤封冻前浇水，可促进果树根系生长，预防冬季冻害发生，确保果树安全越冬。

除苹果水分管理的这几个关键期外，整个生长季节还要根据土壤状况、干旱程度及时补充水分。在大旱的年份，尤其是低于萎蔫系数（即植株因缺水不能恢复正常生理功能时的含水量）时，应立即浇水保树，浇救命水，确保树体的正常生长发育，以免过于干旱导致树体死亡。苹果园灌水一般应结合施肥进行，每次施肥后均应灌水，以加速肥料分解，促进果树对养分的吸收。

（四）果园灌溉量和浇水方法

1. **确定合理的灌水量** 灌水量要适中，无论何种果树，每次灌水以湿润主要根系分布层的土壤为宜，不宜过大或过小，既不造成渗漏浪费，又能使主要根系分布范围内有适宜的含水量和必要的空气。具体的还要根据气候、土壤类型、树种、树龄及灌溉方式确定。如沙地漏水，灌溉宜少量多次；黏土保水力强，可一次适当多灌，加强保墒而减少灌溉次数。盐碱地灌水一次不能过多。

另外，在具体的生产实践中还要注意以下问题：烟富8生长期适宜的土壤湿度为田间最大持水量的60%~80%，在60%左右时有利于花芽分化和果实成熟，在75%左右时有利于坐果，超过80%则促进新梢旺长。当土壤湿度达到田间最大持水量的50%左右时，就要及时浇水，不可过于干旱。

2. **浇水方法**　明水灌溉中较好的方法是沟灌。在行间每间隔一定距离开条沟，深20~30 cm，宽50 cm左右，行距小的可两行之间开一条沟。主要靠渗透湿润根际土壤，节省用水，不破坏土壤结构，土壤透性也较好。

有条件的地方，采用水肥一体化，节水栽培。

大部分果园传统上采用大水漫灌，这样用水量大，土壤湿度变幅大，不利于根系生长，对土壤的结构也有破坏作用。建议尽量不要在生长季搞大水漫灌。

没有水浇条件的果园，主要采取保水措施，进行地面覆盖或修蓄水池，充分利用自然降水。

矮化密植园要求在水浇条件比较好的地方发展，保证各时期水分及时供应，满足果树生长的需要。

不管采用何种灌溉方法，一次灌水量都不能太大或太小。灌水量综合考虑，还要结合灵活的灌溉方式进行合理灌溉。

第二节　花果管理

一、人工疏花

为了节省储藏营养，疏花越早越好。特别是花量大的树，从花前复剪开始调整花量，花芽萌动时就可疏除过密、过弱和发育不良的花，多保留果台副梢形成的花，多保留中长果枝上的花，以利于生产下垂高桩果。在花序分离 2~3 天，在其果台副梢还未伸展时，摘除部分过密的花、串花芽及过密处中长果枝的幼嫩花序，可使后来萌生的果台副梢形成花芽，达到以花换花的目的。

二、花期人工授粉

苹果为异花授粉果树，自花结实率很低或不结实，在配置好授粉树的前提下，同时辅助花期放蜂或花期喷粉，可以明显提高坐果率，生产端庄果，提高果实品质。一朵花的开放时间为 4~5 天，开花 2 天后柱头开始萎蔫。花朵开放当天授粉坐果率最高，开放 4 天授粉坐不住果。因此，准备人工授粉或机械喷粉的，要采集储备花粉，适时进行授粉。人工授粉宜在盛花初期进行（图 5-2），以花朵开放当天或第二天柱头新鲜时授粉效果最好。

图 5-2　人工授粉

三、机械授粉和化学疏花疏果

面积较大的果园，人工授粉来不及，可进行机械喷雾授粉。

（一）花粉采集与储藏

在花粉量大的授粉品种开花之前，可结合疏花工作，采集含苞待放的铃铛花带回室内，去掉花瓣、花丝，只留花药。将花药平铺于干净的厚纸上，置于 20~30 ℃ 的火炕上，每 2 h 翻动 1 次，也可晾于干燥通风，室温为 20~25 ℃ 的房间中，切忌太阳暴晒。1~2 天花药开裂散出花粉时，反复用细箩筛花粉，将筛出的花粉收集起来储藏备用。一般每 10 kg 鲜花大约可出干花粉 200 g，可供 7~9 亩果园授粉使用。同时，果园花期放蜂时，在蜂箱入口的外侧安装一个孔眼直径 5 mm 的取粉袋，蜜蜂进入蜂箱即可将携带的花粉留下。每隔一定时间收取花粉搓碎晾干，妥善保存，用于人工授粉。采集的花粉除用于当年花期人工授粉外，还可根据生产需要进行冷藏储存，以备翌年果树授粉使用。花粉的保鲜储藏，一般将干燥的花粉放在棕色的广口玻璃瓶内密封，也可用塑料袋密封后，用黑纸包好，再用塑料袋包装，然后放于 0 ℃ 以下的冰箱里储藏。保存的花粉使用前需做发芽试验，鉴定其生活力后再使用。

（二）配置花粉液喷雾

将花粉与蔗糖、硼肥等配成溶液，用喷雾器喷雾授粉，可省工省力，提高工作效率，降低生产成本。花粉液配制方法为：先将 10 kg 水、500 g 白糖搅拌均匀，加入 30 g 尿素配成糖尿药液，然后加入 10 g 硼砂，最后放入 20~25 g 花粉搅拌，有杂质的滤去杂质。配好后立即喷洒，随配随用，放置时间不要超过 2 h。此方法一般选择在盛花初期进行授粉，即有 30% 以上的花开放时，授粉最佳。一天内应选择天气晴暖无风或微风的 9~10 时为好。一株大树一般需要花粉液 100~150 g。

图 5-3　化学疏花

（三）化学疏花疏果

1. 化学疏花　盛花初期（即中心花 75%~85% 开放）时喷第一遍疏花药剂，盛花期（即整株树 75% 的花开放时）喷第二遍疏花药剂（图 5-3）。

2. 化学疏果　利用疏果药剂在盛花后 15 天（中心果直径 0.8 cm 左右）喷第一遍，盛花后 25 天喷第二遍（图 5-4）。

3. 化学疏花疏果的注意事项　首次应用化学疏花疏果药剂时，要进行小规模试验。

（1）天气条件　适宜在晴天或阴天的天气条件下喷施。

图 5-4　化学疏果

（2）温度条件　适宜温度 20~28 ℃；花期白天温度连续低于 10 ℃ 或高于 30 ℃ 时，不建议进行化学疏花。

（3）树体条件　适宜树势比较稳定、花果量较大的果园。树势较弱时，应适当降低喷施浓度；树势旺时，可适当调高喷施浓度。

（4）授粉条件　没有配置专用授粉树或进行人工授粉、机械授粉的果园，不宜采用化学疏果。

（5）药液配制　药液要随配随用，不能与任何其他农药混喷。

四、人工定果

化学疏花疏果以后，根据坐果情况和预期产量，进行人工定果。花后 10 天开始定果，最大限度地减少树体的无效营养消耗。以树干周长确定留果量。如测得树干周长为 30 cm，则这棵树的留果量为 30 乘以常数 6，为 180 个果。弱树可下降 10% 的留果量，以利优质丰产。留果标准：留单果、留端正高桩果，不留果形不正的伤残果。留下垂果，不留背上朝天。壮枝多留果，弱枝少留果。全树上下、内膛外围均匀结果。一般果间距为 20 cm 左右，叶、果比为 50：1。

五、苹果晚霜冻害防控

近些年，温度升高，春季物候期提前，霜冻来得早，常造成果树当年大减产或绝收。频繁发生的晚霜冻和应对措施不到位，导致苹果坐果率明显降低，冻锈果率明显提高，给广大果农造成了不少损失，严重影响苹果产量和果品质量的提高，制约了苹果产业的发展。干预晚霜冻危害技术越来越受到重视。尤其在 2018 年受灾面积更大，受灾程度更加严重的情况下，使用芸薹素内酯（大露）、寡糖（花脸康）和有机肥料（欧田甲）对干预苹果晚霜冻害效果很好。

试验证明，苹果开花前，喷施预防晚霜冻害药剂（3 000 倍液的大露加 1 000 倍液的花脸康和 800 倍液的欧田甲），对提高苹果的抗寒抗霜冻能力，干预晚霜冻害，效果明显（表5-5）。

表5-5　喷施预防晚霜冻害药剂效果调查分析

项目	花朵坐果率（%）	冻锈果率（%）
清水	46.1	94.2
处理	87.6	28.1

六、果实套袋与摘袋

根据市场需求，需要进行果实套袋的果树，5月20日前后（烟台地区），幼果横径达2.5 cm时，对果实进行套袋。苹果套袋可以降低农药施用量，减少农药残留，有效预防烂果病和虫害。苹果套袋（图5-5）可以提高果品表面光洁度，改善果品外观质量。同时，苹果套袋可明显提高储藏期限，延长果品供应时间。

（一）套袋的时间

根据当地气候、果树物候期和果实大小确定套袋时间，一般在5月下旬苹果幼果横径达2.5 cm左右（1元硬币）时，开始进行套袋。

图5-5 苹果套袋

（二）套袋注意事项

套袋前要先喷施一遍清园药及植物蜡"丽展精"或高钙膜等，防治病虫害，同时有利于提高果实表光。套袋期间如果遇雨，要补喷一遍杀虫杀菌剂后，再继续套袋。

套袋时要注意技术规范，操作技术不规范会造成套袋果成品率低。套袋时封口要严，防止害虫进入袋内繁殖危害果实，防止药液和雨水进入袋内污染果面。套袋时勿使果袋紧贴幼果，以免造成果面粗糙、果锈、日灼等。

（三）摘袋时间

烟富8一般在套袋后110~120天，采前15~20天，袋内果实褪绿发白时摘袋（图5-6）。也可根据果园的实际情况和市场需求适时摘袋（袋内果实必须褪绿发白），温度过高不宜摘袋，摘袋后昼夜温差最好在10℃左右，如遇多阴雨天气，也应适当提前摘袋时间。据观察，天气特别干旱时（2019年烟台地区），适当晚摘袋，着色好于

图5-6 褪绿发白时摘袋

早摘袋。

摘袋最好在阴天或多云天气进行，以避免日灼现象。若在高温晴天摘袋，则注意果面温度和大气温度相近时摘袋，不宜在早晨傍晚全部摘完。对套红蜡袋的，摘袋时先摘外袋，间隔3~4天再摘内袋（图5-7）。也可在摘袋时，在果树上方架设遮阳网，弱化阳光，进行一次性摘袋，摘袋3天后再撤掉遮阳网。

图 5-7　套红蜡袋先摘外袋，再摘内袋

（四）防好病虫害　看护好叶片

苹果摘袋前要看护好叶片，好的叶片是当年苹果高产优质的关键，叶片保护不好，早期落叶病害、虫螨危害和高温干旱及连雨内涝等都能造成早期落叶，影响当年的苹果产量和质量及花芽发育。摘袋前打1遍清园药，彻底清除果园病虫。摘袋1~2天内喷施1遍3%井冈嘧苷素水剂600倍液＋移动钙（络合钙140g/L）水剂1 500倍液＋丽展精（植物液蜡）水剂600倍液+400倍的金果100（有效活菌数≥5.0亿/mL；N+P$_2$O$_5$+K$_2$O+Fe+Zn+Mn+B+Mo≥20%）水剂，可明显促进着色、提高表对面光泽和耐储性，并预防红黑点。

摘袋前后正值高温时节，打药最好选在10时以前或15时以后，打药时要穿长袖衣、戴口罩，避免操作者和果实受到伤害。

第三节 整形修剪技术

整形修剪技术是果树综合管理当中一项重要的技术环节，烟富8作为红富士芽变的优良品种，其整形修剪技术尤为重要。随着新型栽培模式的推广，市场对果品质量要求的不断提高，人们在整形修剪方面也进行了相应变革。

过去采用的大树冠整形技术，骨干枝级次较多：中央领导干为1级，主枝为2级，侧枝为3级，结果枝为4级。枝干级次多，各级次枝间矛盾就相应较多，枝干生长还消耗了大量的树体营养，造成冠内无效区多，严重影响了果品的产量和质量。

现在以倒挂式塔松形、自由纺锤形、高纺锤形、细长纺锤形等各种小冠树形为主，特点是都有一个强壮的中干，可以采用有主无侧的自由纺锤形，也可以采用无主无侧的细长纺锤形、高纺锤形，更可以采用在主干上直接着生大角度下垂结果枝的倒挂式塔松树形。小冠树形在很大程度上简化了整形修剪程序，减少了冠内无效空间，增加了光照通透性，不仅增加产量，而且为提高果品质量创造了条件，更适合于今后的果园机械化管理。

后介绍几种生产中常见的小冠树形的整形修剪技术，各栽植区果农栽植烟富8后，可根据当地不同的环境条件，选择最适合自己的树形来栽培管理。

一、倒挂式塔松形整形修剪技术

该树形是烟台现代果业科学研究院经过多年实践论证，总结改良的一种新树形。它融合多种树形之优点，能有效地利用果树旺盛的营养生长优势，使之迅速转变成为生殖生长优势，易成花，早结果，多结果，可以生产出更多的高档优质果品。同时为我国的果园管理向种植规模化、操作技术简易化、省工省力、管理机械化、生产果品优质化，开辟了新的途径。

该树形特点为：中干直强，下垂开张，多主绕轴，螺旋向上，上短下长，均衡四方，粗度差大，更新经常，有主无侧，单轴生长（图5-8，图5-9）。

该树形只有一个强壮的中央领导干为长久骨干枝，其上着生的侧生分枝都是可经常更换的结果枝。将所有的侧生分枝进行拉枝倒挂后，旺盛生长的枝条直接缓势成花，结果后果实都呈两侧悬垂状。随着树龄的增加，对结果枝不断更新，去粗留细，去长留短，去密留稀，保持幼龄枝结果，无永久侧生分枝。侧生分枝倒挂，连续结果后，生长势容易衰退，可利用倒挂后侧生分枝靠近中干部位的背上萌发的新梢，培养成新的结果枝。也可根据母枝的生长状况，及时回缩更新。树龄老化，结果枝保持幼龄化，果实果形正、高桩、自然损伤少、着色好、优质果率高。

图 5-8　倒挂式塔松形树形　　　　　图 5-9　倒挂式塔松形树形结果树

一般栽植行距为 4 m，矮化自根砧株距在 0.8~1.5 m，亩栽 111~208 株；矮化中间砧株距在 1.5~2 m，亩栽 83~111 株；乔化树株距在 2~3m，亩栽 55~83 株。树体管理没有单株和个体概念，树成形后人在行间可伸手触摸到中干，株间连接成树墙形成群体效应，行间有 2~2.5 m 的作业带，利于施肥、打药、采摘、运输等机械化操作。

树体干高 0.8~1m，树高 3m 左右，侧生分枝中干与直径比为 1：（5~8），冠径矮化树为 0.8~1.5m，乔化树在 1.8m 左右。在强壮的中央领导干上，直接着生 30~40 个全部呈倒挂的侧生分枝，其基角矮化树为 110° 左右，乔化树为 130° 左右，所有分枝都是单轴细长而紧凑斜生或下垂。

（一）第一年整形修剪

1. 定干刻芽　为了实现早结果，最好选择大苗建园，苗在 1.8 m 以上，可以在 1.5 m 左右高度选择优质饱满芽部位剪截定干，剪口芽取迎风方向，芽上留 1.5 cm 左右。定干后对剪口下易形成竞争的第二、第三个芽进行芽下刻伤，控制长势，其他芽自上而下每隔 3 个芽，在芽上 0.5 mm 处进行刻伤，刻芽至距地面 0.6 m 左右为止。定干后全树要套塑料筒，保湿防虫害。

为了减少刻芽对树体造成的伤害，也可用代刻芽、发枝素、抽枝宝类调节剂对需萌发的芽体进行涂抹，促发侧生分枝。

2. 生长季　萌芽后，在新梢长度为 15~20 cm、处于半木质化时，用牙签撑开分枝基角，角度大于

90°，以扶持中干生长，均衡树势。用牙签开基角后，为了促树旺长，前3年一般不进行疏枝。

在新梢长到40~50 cm时，可用带弯的"W"形开角器加大基角，腰角角度达120°以上，向倒挂过渡。用开角器二次开角，为了抑制枝条延伸生长，促进枝条加粗，萌发分枝，更利于引分枝下垂，促进花芽形成。

在新梢长到60~80 cm时，对新梢喷施50倍的"代刻芽"（细胞分裂素＋赤霉素），可刺激新梢当年就萌发分枝，效果很好。每个新梢可萌发分枝10~16个（图5-10）。

图5-10 第一年倒挂式塔松形树形

对高密度园，没有进行开角器开角的旺长枝，可以进行多道拧伤。当分枝长至50 cm以上时，先在分枝基部用力拧动180°，再向外间隔10 cm左右再拧转180°，通过多道拧枝造伤，可明显控制分枝长势，控长促萌，增加成花率。

对中干高度60 cm以下萌生的分枝，树势强的树可及时疏除；树势弱的，可通过开大枝条基角，结合扭伤或多道拧枝的方法，控制旺长以起到辅养树体的作用。

拉枝要根据密度和长势进行，当枝条长度达到株距的1/2时，开始拉枝，一般在9月开始，中庸、弱枝宜晚拉，强旺树宜早拉，使其保持顺直下垂呈倒挂式。拉枝时应根据不同砧木类型区别对待：自根砧可加大到100°，中间砧可加大到120°，乔化砧可加大到130°，枝条长势越强旺的分枝下垂角度越大。同一方位的侧生枝上下间距不能小于 50 cm，间距小的可通过拧、拉等方法引向缺枝处，结果后根据情况再疏除。通过拉枝将外延扩展优势转为成花结果优势，控长势，促当年成花。

3. **休眠季**　原则上不疏枝，以稳定、缓和树势及早成花为主。

冬季寒冷易受冻害的地区，最好选择在早春（2 月以后），只对中干延长枝剪除上部 1/5~1/4 芽体不成熟的顶梢部位，其他全部保留。

树体高度达到 2.5 m 以上，可不进行剪截，到春分后至清明前进行刻芽或涂发枝素"代刻芽"，促生分枝。

对长势弱、发枝少的幼树，在对中干延长枝进行剪截后，其他分枝可以全部留橛疏除打光杆，以重新抽生分枝，然后按栽大苗的方式进行管理。

（二）第二年整形修剪

1. 春季刻芽

（1）中干刻芽　刻芽时间应在春分至清明之间进行，对剪口下竞争部位的芽，应在芽下进行刻芽，控制长势。竞争芽以下的部位从前一年最上一个分枝向上 8 cm 左右处，选水平方位不同的缺枝位置在芽上狠刻一芽，然后再依次向上每隔 3 芽进行芽上刻芽。下部二年生枝有缺枝部位时，在相应的芽眼上加大力度狠刻，也可以在芽上刻伤后再点涂"代刻芽"等发枝素，促发分枝。

（2）侧生分枝刻芽　刻芽时间应在清明前后，从侧生分枝基部 10 cm 处开始，背上芽全部抹除，控制萌发，其他芽刻芽前，两侧芽轻刻，背后芽狠刻，力争芽芽刻，刻到分枝长度的前 2/3 处即可。也可涂发枝素"代刻芽"，促多萌生中短枝，以形成优质花芽。

2. 生长季　对中干一年生部位萌发的新梢，用牙签开基角，控制竞争长势，其方法同前一年管理。

对侧生分枝应根据生长情况，当各分枝上萌发的新梢，50% 以上长度达 5~8 cm 时，可在分枝基部 5 cm 处进行环切。直径在 0.8 cm（呈手指粗）以上的，间隔 3~5 cm 环切 2 道；分枝基部直径在 0.5~0.8 cm（香烟粗）的环切 1 道；直径在 0.5 cm（呈筷子粗）以下的暂不进行环切（图 5-11）。

对斜背上长势强旺的新梢，长度达到 5 cm 左右时，基部留 2~3 片大叶进行摘心，过密的可以直接

图 5-11　第二年倒挂式塔松形树形

疏除。两侧缺枝时，可在新梢长到 20 cm 后，通过拧、拉引其下垂，补空利用。

两侧分生新梢，长势强旺的可以从基部进行拧梢，使其下垂，控制长势，及早抹除外围多余延长头，保持单轴延伸状态。

下垂生长的健壮梢头容易形成花芽，可留 1~2 个果，压冠控势，对有翘头现象的前梢可用砖块、塑料袋装土等重物吊坠，严格控制上翘。

预备枝的培养：枝条环切后，分枝基部会萌发一部分新梢，7 月以前萌发的可在两侧有空间的地方选留 1~2 个，通过开基角，让其健壮生长。长到 70cm 左右时，通过扭、拉引向空缺处。第二年通过刻芽、环切促成花，可作为更替母枝结果使用。8 月以后萌发的秋梢，先开基角引向缺枝处，等第二年在基部选择方位合适的芽进行极重剪截以秋梢换春梢，再通过以上方法，培养成预备枝，暂无空间的可连续重剪截或直接疏除。

3. 休眠季 中干高度在 2.5 m 以下的树，在中干延长枝饱满芽部位进行剪截。

中干高度在 3 m 以上的树，可将延长新梢从 2.8 m 左右处，将其拉弯倒挂促成花。

对个别粗壮的分枝，可在分枝基部进行锯伤，削弱长势，以利成花。

修剪时间应避开严冬。

（三）第三年整形修剪

通过精细管理，整体树势强壮，进入旺盛生长期，已有 10 个以上侧生分枝形成花芽，此期是管理最为关键的一年。

1. 生长季 一年生枝和二年生枝管理方法同第二年。

根据下部侧生分枝的长势和成花情况，尽量不留背上花芽，让其两侧分枝结果。分枝基部粗度在 1.2 cm 以上的可留 8~10 个果，粗度在 1.0 cm 左右的可留 5~7 个果，粗度在 0.8 cm 左右的可留 3~4 个果，粗度在 0.5 cm 左右的留 1~2 个果，留果间距在 20 cm 左右。在形成产量的同时，实现以果压冠，控制长势（图 5-12）。

对中干上长度 30 cm 左右的分枝和分枝两侧长度在 20~30 cm 的无花枝，可以在顶芽萌动时进行瓣顶，促其后部萌发中短枝，成花效果好。

对缺枝部位，花少和

图 5-12 第三年倒挂式塔松形树形

生长过旺、粗壮的侧生分枝可以从基部用锯造伤或者进行多道环切来控制长势，促成花结果。

继续培养预备枝，秋天拉向缺枝部位。

2. **休眠季** 中干延长枝高度超过 3 m 的全部向北面方向拉弯倒挂，如果前一年拉弯的中干延长枝在其上又出现旺长新梢，可将其拉向另一侧促成花。

当整体花量充足时，疏除下部过矮、过密、过大的侧生分枝；当整体花量不足时，应尽量多留花，疏除部分过矮、过密、光杆无花枝。另外对缺枝部位、花少或无花的粗大分枝，可于萌芽期进行多道环切或环剥，在控势促花的同时促其基部萌生新梢培养成预备枝；也可以通过在分枝基部进行"连三锯"造伤，控制长势促成花。

因中干强壮，分枝相对较多，每年疏除较大分枝 6~8 个，以实现树体上下光照通透率在 80% 以上，整体光照无死角，保证果品稳产优质高效。

因为每一个分枝都是一个结果单位，当分枝数量多时，各自生长空间受限，做不允许再分生结果枝组。其修剪手法很简单，即有花就留，无花就疏，这样可充分集中营养，在结果的同时又能促果台副梢成花，增加连续结果能力。

（四）第四年整形修剪

此时树体已进入盛果期，除了对上部一年生部位进行拉枝、刻芽、环切促花外，注意对下部预备枝的选留培养。

1. **生长季** 一年生枝和二年生枝管理方法同上一年。

预备枝培养方法：如果环切后没有萌发新梢，可在侧生分枝基部 10 cm 左右的两侧或背上选择一个生长方位合适的分枝进行培养，在其达到理想长度后再拉引到待补位处促成花，成为预备枝。在母枝连续结果 2~3 年长势转弱后，再进行回缩，让已培养好的预备枝代替该母枝结果。

株距在 1.5 m 以下的树，株间分枝应严防交叉生长，可以在开角控势的同时，根据空间大小，采用弱枝带头或适当回缩到花芽处或采用"带帽"修剪，达到"只能握手，不能拥抱"，必要时也可控一放一。

对长势强壮或生长过密的侧生分枝，在其多留果的基础上，可在基部预备枝前进行环切，也可对它进行多道环切多留果，结果后回缩更新或直接疏除。

2. **休眠季** 下部分枝采果后可进行带叶割大枝，适度提干、疏密。

中干延长枝长势强旺的继续拉弯，管理同上一年；对结果后、长势开始衰弱的，回缩到下部中庸处。

对生长过密或者长势强旺的侧生分枝，可以多留果，采果后及早疏除或回缩到有预备枝处，保持树体内膛有充足的光照。

注意株间调控，在相邻株间分枝出现交叉时，除通过加大角度和在基部背下造伤控制长势多结果方法外，还可采取"控一放一"的办法，其原则是：去长留短、去大留小、去粗留细、去密留稀，逐年进行，防止郁闭现象发生。

（五）第五年及以后的修剪管理

通过几年的精细管理已进入树满园，枝满冠，果满枝阶段。应保持树势中庸，产量稳定，果品优质，做到每年每树要有1/4休闲成花枝（含预备枝），有1/4备用回缩或疏除的侧生分枝，有2/4边结果边成花的枝。这当中要严格控制基部枝干比大于5∶1的侧生分枝，在培养留有预备枝的基础上，及时回缩更新。

树体成形后要在行间成为结果墙的同时，还应保持冠幅要小，行间要大，侧光利用率要高，冠内光照不低于20%，清除树冠内外无效区。

随着树体的增长，侧生分枝的增粗，为了保证树体的通风透光，在提干、落冠的同时，可以适当逐步减少侧生分枝的数量。随着树龄延长，始终保持幼龄枝结果，以保证果品高产优质，持续高效。

二、自由纺锤形整形修剪技术

该树形适宜于半矮化果树和短枝形品种，以及可以通过人工控制使其基角大于90°的乔化树，栽植的株距3~3.5 m，行距4~5 m。

树干高度，山地为1 m左右，平原（土质肥沃地）为1.1~1.2 m。树高3 m左右，全树有小主枝10~15个，各主枝间距15~20 cm，水平分布，均匀伸向四方，无明显层次。为了实现早结果，前期可适当多留分枝，将辅养枝和第一主枝以下的分枝通过加大角度促成花，结果后随时疏除，中后期为保持树体光照充足，逐步疏除过密、过大主枝，树体成动态管理，最后可发展成为小冠开心形。

（一）第一年整形修剪

1. 定干 苗木高度在1.5 m以上，可以在1.2 m左右处选择迎风方向优质饱满芽部位剪截。定干后对2~4芽进行芽下刻，其他每隔6个芽子进行芽上刻，刻到距地面上1 m左右停止，促生主枝，刻芽完成后在每株树苗北侧10 cm处竖立一根长3 m左右，粗度在2 cm左右的竹竿，用来扶持中干生长。

栽植高度不足1.5 m的苗，可在1.2 m以下选择饱满芽部位定干，控制竞争，促生分枝。定干后全树套膜袋，保湿防虫害。

2. 夏季 为了促树旺长，前3年一般不进行抹芽去萌，在新梢长度达20 cm左右，处于半木质化时，用牙签开基角，主枝基角控制在90°左右，辅养枝和竞争枝基角要大于90°，以扶持中干生长，均衡全树长势。

3. 秋季 一般从9月开始，最好在秋分前后进行，对梢角上翘的可通过用"W"形开角器或长"∽"形铁丝钩以及细绳拉枝，主枝拉枝角度保持在85°～90°，其他分枝角度全部保持在下垂状态控长缓势，促成花。

4. 冬季 冬季寒冷易受冻害的地区，最好选择在冬末早春（2月以后），只对中干延长枝剪除上部

1/5~1/4芽体不成熟的顶梢部位，其他全部保留。

对春季定干矮的小苗，在对中干延长枝进行剪截后，其他所有分枝可以全部留"斜马耳"疏除，重新抽生分枝，然后按第一年栽大苗的方式进行管理。

（二）第二年整形修剪

1. 春季

（1）中干刻芽　刻芽时间应在春分至清明之间，刻芽部位从第一年已选定好的最上一层主枝向上15~20 cm处选水平方位不同缺枝位置进行芽上狠刻，然后再依次向上每隔6个芽在芽上刻芽，促生主枝。剪口下2~4芽，应刻在芽的下边刻，控制长势。

（2）主枝刻芽　刻芽时间应在清明以后，在主枝基部15cm处开始两侧进行刻芽，间隔10cm左右刻一个芽，一直刻到距外梢30cm左右处停止刻芽，尽量多刻，促发分枝，以形成两侧悬垂的结果枝。

（3）辅养枝刻芽　对主枝以外的分枝，背上芽刻芽后面，其他芽刻芽前，力争多刻、狠刻，促使多萌发中短枝，早成花结果。

2. 生长季　对中干一年生部位分枝，用牙签开基角控制竞争，同第一年管理。

对主枝暂不环切，促壮生长。

对主枝前端延长枝只留一个方向适宜的新梢作为带头枝，其他新梢应及早疏除，保持单轴延伸状态。

对背上枝和斜背上生长的新梢，如果主枝两侧有位置，则待其长到30cm时，可通过拧梢或者用带弯的"W"形开角器，引其向主枝两侧下垂生长；如果主枝两侧没有空余位置，应对背上生长过密、过旺的新梢尽早疏除。

对辅养枝及第一主枝以下的分枝在保持基角大于120°延长生长的基础上，多刻芽，促发大量的中、短枝，当新萌发的枝有60%以上长到5~8cm时，进行环切，利于形成花芽。

3. 休眠季　修剪时间应避开严冬，树形要保持上尖下宽呈纺锤形，主枝要保持下大上小，各主枝长势均衡，对长势不同的枝要用不同的修剪方法进行处理。

通过刻芽、环切、拉枝等工序，保留形成优质花芽的枝，翌年结果。

对长势强旺、角度小的主枝，可以在清明前后，于主枝基部5cm左右，从其背面采用"连三锯"打开基角，以利于缓势成花。

对长势较弱的主枝，可以在该主枝上边的中干部位适当位置造伤，或者抬高其角度，使其加快生长。

对中干上水平分布不合理的主枝，可以在地面定木橛，用绳子或铁丝拉引固定到合适位置继续生长。

（三）第三年整形修剪

1. 生长季　对树势较旺，树体高度达2.5m以上的树，中干延长枝可以不剪截；而高度不足2.5m的树，仍需对中干上部在优质壮芽处进行剪截，剪截后继续刻芽，刻芽方法同上一年。

对中干一年生分枝的拉枝、刻芽、环切同上一年。

对辅养枝及第一主枝以下有花芽的分枝，要保持单轴延伸生长，不在其上留中长分枝。

2. 休眠季　对树体高度已达到3m以上的中干延长枝不再进行剪截，可以将上部延长枝拉到2.8m左右高度，促成花。

对第一主枝以下分枝和冠内较密的辅养枝，结果后可以疏除，为主枝让出空间。

其他枝的处理可参考上一年的休眠季修剪进行操作。

（四）第四年整形修剪

1. 生长季　此期树势健壮、枝量增加，应注意清除各延长枝外围多余新梢，保持单轴延伸，疏除背上过密新梢，为主枝成花结果创造有利条件。

对上部主枝加大开基角力度，控制上强，缓势成花，其管理同前几年。

由于连年甩放，下部主枝两侧已成花，可根据各主枝长势，适量留果，实现以果压冠之效果。

2. 休眠季　辅养枝结果后及时疏除，将结果部位向主枝过渡，用调控分枝角度与挂果量来控制枝干比不能大于1：3，过粗的分枝应及时疏除。

（五）第五年及以后的修剪管理

通过前几年的精细管理，树体已经枝叶丰满，进入盛果期。随着产量增加，长势逐渐稳定，花量大增。在抓好生长季控制旺长的基础上，冬季修剪应以疏除过密、控制花量为主攻目标。必要时，可以将树冠南侧2m左右高度挡光的大主枝适当割除1~2枝，解决冠内光照，保持内外结果的连续性，在防止出现大小年的同时，进一步提高果品质量。

三、细长纺锤形整形修剪技术

该树形是国内外普遍应用的树形，其最大的特点是骨干枝数量少，结果枝数量多。适合用于矮化及短枝品种的密植栽培模式，也可以在土质条件较差的乔化树园片中应用，通过人为的开张基角，达到缓势成花的效果。一般株距为1.5~2 m，行距为4 m。

该树形干高1 m左右，树高2.5~3 m，冠径1.5~2 m，有一个直强的中央领导干，在其上直接均匀着生20~25个水平或稍下垂状态的侧生分枝，伸向四面八方，树冠下大上小呈细长纺锤形。

细长纺锤形与自由纺锤形不同的是，树体稍矮，各分枝间距10~15 cm，无长久主枝，侧生分枝基角在90°左右，为单轴延伸的大结果枝组，枝干比不能大于1：3。

（一）第一年整形修剪

细长纺锤形树形的培养和第一年的定干、刻芽、立竹竿等技术可参考自由纺锤形。

1. 生长季　刻芽间距小，间隔3~5个芽刻1个芽。用牙签开张基角，矮化树都在90°左右，乔化树大于110°，分枝角度自下而上，越来越大。秋季拉枝时不同长势的枝条要不同对待，长度在70 cm以上的枝条进行拉枝，长度不够的可暂时不拉枝，梢角应呈水平状态，长势强旺的枝条梢角呈下垂状态。

2.休眠季　休眠季修剪时间应避开严冬时节，中干延长枝长势强壮，树体高度在2 m以上的中干延长枝可不剪截；其高度不足的，应在上部饱满芽处进行剪截；中干60 cm高度以下分枝全部剪除。

（二）第二年整形修剪

1.生长季　中干刻芽、侧生新梢开基角同上一年管理；对侧生分枝刻芽时间应在清明后，从基部10 cm处开始，具体做法是背上芽刻芽后，其他芽刻芽前，两侧芽轻刻，背后芽重刻，力争见芽即刻，一直刻到枝长的2/3处。

环切：侧生分枝基部粗度在0.8 cm以上，刻芽后新抽生的新梢有一半以上长到5~8 cm时，进行环切促花。

注意及早清除侧生分枝外围的竞争枝，保持单轴延伸状态。

对背上新梢长到5片叶左右时留2片大叶摘心，过密者及早疏除，控制背上旺长，促两边多成花。

如果两侧缺枝，可以在背上新梢长到20 cm左右，半木质化时，通过拧枝引其下垂成花。

2.休眠期　休眠期修剪应避开严冬，疏除过密枝、超粗枝、重叠枝，保持侧生分枝小型化，保障树体通风透光良好。

（三）第三年整形修剪

树势进入旺盛生长期，在整形的同时加大缓势成花的力度。

1.生长期　一年生部位刻芽、环切同上一年。

通过精细管理，下部侧生分枝已有一定的花量，为了保持外梢长势，梢头尽量不留花果，其他部位可以间隔10 cm左右，在两侧多留果，实现以果压冠。

疏除过密枝，控制背上枝长势，同上一年管理。

2.休眠期　为了缓和长势，对树高达3 m以上的中干延长枝可以在2.5 m处拉弯，促成花结果。

其他枝的修剪处理同上一年。

（四）第四年整形修剪

树体已缓势成花，结果量增加，具体修剪方法如下：

1.生长季　一年生部位拉枝、刻芽、环切同上一年。

为了保持侧生分枝小型化和结果的连续性，在控制背上、斜背上分枝不留中长枝的同时，可对两侧20~30 cm长的一年生枝，在萌芽期进行掐顶，促其成花。

2.休眠期　对中干延长枝长势强旺拉弯后又分生长枝的，可以将其拉向另一方向，缓势成花。

对侧生分枝基部粗度超过中干1/3的，或过长的枝可以回缩到基部分枝处，或者从基部疏除。疏除时，锯口上部紧靠树干，下部留 1~1.5 cm 桩橛，以利于萌发新梢。

（五）第五年及以后的修剪管理

通过精细管理达到树体丰满，进入结果盛期。为了保持树势稳定、稳产和高产，修剪时应注意：

1. **生长季** 控制强旺长梢，疏除过密枝条，保持树体光照通透、结果里外均匀，防止结果外移，出现大小年现象。

2. **休眠季** 注意控制侧生分枝与中干的粗度比在 1 : 3 之内，过粗的分枝疏除。对树体生长趋于弱势的中干延长枝及时落头。通过修剪不断调整分枝间的长势，以维持长期的经济寿命。

四、高纺锤形整形修剪技术

该树形是在细长纺锤形的基础上进一步控制横径，促纵径生长的树形。更适合于矮化及短枝品种的密植栽培，也可以通过加大侧生分枝的基角后，应用在土质差的乔化树上，一般行距为 4 m 左右，株距 1~1.5 m。

干高 0.8~1 m，树高 3~3.5 m，冠径 1~1.5 m。有一个强壮的中央领导干，在其上直接均匀着生 25~30 个水平或呈稍下垂状态的侧生分枝。树冠下大上小，树体形态为细、高、长的纺锤体，与细长纺锤形不同的是：树体更高，侧生分枝数量更多，分枝间距更小，每 10 cm 左右 1 个枝，一个干上枝数不宜超过 4 个，所有侧生分枝基角大于 90°，呈单轴细长松散型斜生或多为下垂结果枝组。

（一）第一年整形修剪

定干、刻芽、立竹竿同细长纺锤形，所不同的是刻芽间距更短，10 cm 左右刻 1 个芽。

1. **生长季** 当侧生分枝上抽生的新梢长到 15~20 cm 时用牙签开基角，角度要大于 90°，对有竞争态势的新梢需要早开基角，并且角度要大，以控制其生长。

秋季拉枝，对 70 cm 以上侧生分枝全部拉至下垂状态，有利于花芽形成。

2. **休眠季** 只对中干延长枝在饱满芽处进行短截，保持长势，其他所有分枝不疏除，全部甩放。

（二）第二年整形修剪

中干一年生部分同上一年，侧生分枝刻芽同细长纺锤形。

1. **生长季** 同细长纺锤形。

2. **休眠季** 树体高度不足 3 m 的继续在中干延长枝饱满芽处进行短截，让树体向高发展来控制树势，实现控制冠径横向扩展，缓和长势促成花。

（三）第三年整形修剪

对一二年生部位修剪方法同上一年。

1. **生长季**　由于树体进入旺盛生长期，为了缓和长势，要注意以下工作：

将树体高度向 3 m 以上扩展，继续刻芽促发分枝。

下部侧生分枝已有一定花量，要根据长势适当多留果，实现以果压冠。在修剪时只要花量充足，尽量不留背上花芽结果。为了多结果，利用两侧或下垂枝结果。可以根据母枝的粗度，确定留果间距，每隔 10~15 cm 留 1 个果。

为了促使营养生长尽早向生殖生长转换，应通过对侧生分枝刻芽、环切等，促生中短枝，并通过摘心、抹芽、拧枝、疏除等办法控制强旺枝，减少无效营养消耗。

2. **休眠季**　树体高度在 3.5 m 以上的，可以在中干延长枝 3.5 m 左右处拉弯促成花。

下部侧生分枝结果后，可以疏除部分过矮、过密、过粗、过大的分枝，在保持树体充足光照的同时，可进一步提高果品质量。

（四）第四年整形修剪

通过几年的控横促纵管理，树体向高发展，下部结果部位增多，整体进入了缓势成花状态，达到了结果盛期。

1. **生长季**　由于树体分枝多，应一直保持分枝单轴、细长、松散形斜生或下垂状结果。多培养中短结果枝，对于 20~30 cm 的长枝，如果分枝两侧有空间的，可在春季芽子萌动时采用掐顶促成花，过密无空间的全部疏除。

2. **休眠季**　中干延长枝长势仍然强旺的树，可将新的延长枝继续拉向另一侧缓势成花；结果后长势转弱的，可选择适当位置进行落头。

由于株距小，对株间相互交叉的分枝，应根据情况放一疏一，或引向行间，防止相互交接影响整体光照。

进入结果盛期后不要单一要求产量，对南侧 2 m 左右高度，影响冠内光照的侧生分枝，应及早疏除，解决树体的内膛光照问题，力争多结优质果。

（五）第五年及以后的修剪管理

同细长纺锤形。

第六章 烟富8集约化栽培及老果园更新技术

导语：矮化密植集约化栽培是世界苹果栽培的发展趋势，烟富8采用集约化栽培技术，良种良法配套，更能突出品种的优良性状，目前部分老果园都存在更新换代的需求，烟富8作为优良的苹果品种，无疑是老果园更新再植的优选品种。

第一节　烟富8矮化密植栽培技术

矮化密植集约化栽培是世界苹果栽培的发展趋势，是实现苹果早果、丰产、优质、高效、省力栽培的主要途径。矮化密植栽培主要途径是利用矮化砧木和选用短枝型品种。矮化砧木就相当于给果树安装了一个调节阀门，调控果树的营养生长和生殖生长，使二者达到平衡稳定、和谐统一。矮砧果树光合效率高，光合产物分配合理；树体矮小，早果丰产；技术简化，节省管理费用，降低生产成本；适于机械化规模化，便于集约化经营。烟富8采用集约化栽培技术，良种良法配套，更能突出品种的优良性状，获得更好的经济效益（图6-1）。

图6-1　烟富8矮化密植集约化栽培

一、矮化密植的优势

（一）树体矮小紧凑，管理方便

矮化树体比乔化树矮小，冠径控制在1~2 m，栽植密度是乔化树的3~5倍，采用宽行密植，在行间操作、管理方便，乔化树冠径大，易郁闭，管理不方便。

（二）易实行机械化，效率高，节省生产成本

由于宽行，行间可用机械操作，降低劳动强度，打药，授粉，施肥，割草，采收搬运等都可以机械化。大幅度提高劳动效率，减少用工，在劳动力越来越少的情况下，优势更加明显。矮化树体矮小，各项操作比较简便。乔化树管理费工，机械化程度低，劳动强度大，效率低，生产成本高。

（三）早结果，投产快

矮化砧能够控制树体旺长，更有利于形成花芽。由于风光条件好，花芽质量好，早结果早投产，大大缩短生产周期，尤其对规模化经营意义重大。虽然单株产量低，但密度大，总产高，更易保持营养生长和生殖生长的平衡，更稳产优质。

（四）果实品质好

优质优价是市场发展的要求，提高果品质量，增加经济效益，实现绿色发展是苹果栽培管理的核心。由于矮化树体小，风、光条件好，光合效率高，光合产物积累多，有利于果实品质的提高，促进上色，风味更佳，符合市场的需求。

（五）质量标准更统一

矮化树体小，成花容易，操作简便，更容易标准化管理，果品质量更容易控制，质量标准更容易统一。

二、选用的砧木

目前适合烟富8的矮化自根砧为：M_9T_{337}、M_{26}。矮化中间砧为：M_9T_{337}、M_{26}、KM_{23}、SH系等。基砧为神砧1（八棱海棠优系）。

三、栽植方式

宽行密株，株行距根据砧木和土肥水条件而定。

M_9T_{337} 的自根砧的株行距为（1~1.5）m×4 m（图6-2）。

中间砧的株行距为（1.5~2）m×4 m。

四、树形

培养细长纺锤形、高纺锤形或倒挂式松塔形。

要培养一个强壮直立的中

图6-2　M_9T_{337} 自根砧 1.2m×4m 烟富8

干，在中干上着生结果枝组，拉大枝干的粗度比，在 1∶5 以上，结果枝的数量要多，单株在 30 个以上，注意超粗的要及时更新。结果枝的角度在 90° 以上，上部枝或生长势强的枝角度加大到 120°～130°，结果枝均匀分布，降低结果级次，以二级结果为主，不留侧枝，更新周期在 5 年内，及时轮换更新。

五、土肥水管理

矮化砧根系没有乔化根系发达，分布较浅，对土肥水条件要求较高，土壤要求疏松肥沃，有水浇条件可采用肥水一体化技术，有条件的应用物联网技术实现果园环境条件实时监测，生产过程和一系列的果园管理事务可远程控制，实现果园管理的自动化和智能化。

年降水量在 500 mm 以上的地区，实行起垄栽培，行间生草，树下覆盖。在建园前对土壤改良，通过增施有机肥、生物菌肥，提高土壤有机质含量，给根系生长创造良好的条件。利用肥水一体化，少量多次地进行肥水供应，能够很好地调控树体的生长，而且节省肥水，降低成本。起垄栽植，垄高在 20~30 cm，宽 2 m 左右，增加了土层深度，对肥水起很好的调控作用，有利于防涝。

行间生草，可以调节果园小气候，夏季降低果园温度，冬季提高土壤温度，有利于保持水土，对于提高土壤有机质能起到很好的作用，增加土壤透气性，还有利于防涝。净化果园空气，还有利于保持果园的生态平衡。要控制草的高度，及时控割，草高控制在 50 cm 以下，利于果园通风。

六、设立支架

矮化砧木根系浅，抗倒伏能力差，必须采用支架固定。

支架通常用钢管或水泥柱。钢管用镀锌管，外径4英寸（4英寸＝2.54厘米）。支柱要坚固，高度4 m，埋土0.5 m，地上3.5 m。水泥柱，用12 cm×12 cm×4 m或10 cm×10 cm×4 m，用钢丝绳或镀锌铁丝，埋牢地锚，利用紧线器拉紧钢丝绳。

立架搭设方法：顺行安装立柱，间隔8~10 m，顺行向上下拉2~3道铁丝，固定在立柱上拉紧，四周用地锚把周边的立柱固定，立柱每行平行等距离，垂直于行向在立柱顶端分别拉铁丝固定好。然后每株立一竹竿，垂直于地面在每株树的北侧固定在行向的铁丝上，把树干固定在竹竿杆上。

在支架上部还可以安装防雹网等防护设施（图6-3）。

图6-3 设立支架、按装防雹网

七、注意事项

烟富8提倡大苗建园，早结果，早见效，提高早期产量，以果压冠。

合理负载，加强疏花疏果，减少大小年。

矮化树栽植，要适当培土，以矮化砧露出地面5~10cm为宜，土肥水条件好的适当高些，反之矮一些，栽时要栽在沟里，分期覆土，2年时间逐步埋好。

冬季气温低于−20℃的地区，一定要采取防护措施，防止春季抽条现象的发生。

矮化密植要避免盲目发展，尤其是土壤贫瘠，土层较浅，没有水浇条件的干旱地区，容易出现树体早衰，达不到理想效果。

第二节　老果园更新再植烟富 8 技术

目前我国苹果栽植总面积已达 4 000 多万亩,其中超过 2 000 万亩果园树龄在 15 年以上,这些老果园很大一部分品种老化、树势衰弱、产量和品质下降,没有改造利用价值,面临着改造升级伐掉重新栽植和逐渐更新问题(图 6-4)。鉴于我国土地资源紧缺,在重茬地上新建果园就成了一条必经之路,解决重茬地建园成活率低、长势差、病虫害严重、效益不好等问题,成为果树生产的当务之急。

图 6-4　老龄苹果园

一、苹果重茬障碍

（一）营养匮乏

经过多年种植，老果园土壤肥力极端低下，营养极度匮乏。在栽植果树的过程中，由于果树选择性吸收，造成土壤营养元素失衡，尤其果树生长所需的微量元素和土壤有机质含量明显下降，土质贫薄，已经不利于苹果树生长，树龄越长问题越突出。

（二）土壤富含有毒物质

果树的根系在生长过程中不断向土壤中分泌释放很多有毒物质（根皮苷、根皮素、醌类、酚类等物质），这些物质属于高分子物质，很难通过土壤的降解作用分解成为无机盐物质，因此很容易在土壤中残留，成为重茬地苹果生长的阻力之一。

（三）土壤理化性状恶化

经过多年的种植，果园土壤板结严重，土壤结构破坏，制约果树根系的生长，降低根系吸收能力，破坏了有益微生物和蚯蚓等地下小动物的生存环境。

（四）有害微生物、线虫等有害生物大量集聚

多年的单一种植，土壤中有害微生物、线虫等有害生物大量集聚，严重影响新植幼树健康生长。对果树有害的病原微生物有丝核属、腐霉属、疫霉属、柱盘孢属以及镰孢霉属。有害细菌增加，有益细菌减少。线虫主要以口针吸取根的汁液和组织为生，有外生寄生线虫和内生寄生线虫之分，与苹果重茬障碍有关的线虫种类有：根腐线虫、大型针线虫、环形线虫、扣针线虫、茎线虫属、矮化线虫属等。

二、重茬地再植苹果的对策

（一）选择抗重茬砧木

选择抗重茬砧木是最经济有效的办法，抗重茬砧木对重茬地有较强的耐病作用，如神砧1（八棱海棠选优）、SH系、G系列等。

（二）选用脱毒大苗

脱毒苗抗逆性强，栽植成活率高，幼树发枝多，树体长势健壮，适宜重茬建园。

（三）土壤改良

1. **深翻改土，捡拾病残体，增施有机肥**　老果园再植前要对全园进行深翻（图6-5），同时将残留在土壤中的树根一并捡拾干净。深翻结束后，设计栽植行时应注意与原栽植行错开。确定好栽植行后，在土壤封冻前顺栽植行开80 cm左右深的沟，开沟时将生土和熟土分开堆放，在沟内撒施充分腐熟发酵的农家肥，每亩地4t左右，或者在沟内铺25 cm左右的作物秸秆，实行以草带肥，铺草后应撒施杂草或者秸秆总重量1%左右的尿素，加速有机物腐烂，然后盖熟土20 cm左右（至栽植沟培40 cm左右）。经过一个冬天的土壤风化和日光消毒后，可杀灭和冻死大量的重茬菌核和地下害虫。翌年开春后，将沟培土至离地面20~30 cm，然后再浇水使土壤下沉，等待栽树。栽树时，选用土壤微生物菌剂或者生物有机肥与熟土拌匀回填，可有效增加土壤有益微生物数量和有机质含量，拮抗其他有害生物的繁殖，改善土壤的理化性状，增加土壤透气性，促进苹果根系生长，增强苹果的抗病和抗逆能力，减轻再植病的发生。

图6-5　再植前对全园进行深翻

2. **调理土壤**　酸化土壤结合深翻，每亩地撒施150 kg的土壤调理剂"波美度"。对于碱性土壤，使用碱土改良剂，如石膏、磷石膏等以钙离子交换出土壤胶体表面的钠离子，降低土壤的pH。

3. **土壤化学处理**　结合深翻地，每亩地撒施广谱杀菌剂如50%多菌灵可湿性粉剂5~7 kg进行杀菌。

对于线虫，每亩地可以用2~3 kg的10%克线灵（噻唑膦）颗粒剂、4~6 kg的3%米尔乐颗粒剂或者1%阿维菌素粉剂等，在开沟或挖穴时施入，通过胃毒、触杀消灭根结线虫。

4. **客土**　有条件的可以进行栽植穴换土，客土法也可一定程度地缓解再植病的发生。

（四）果园套种绿肥，树盘覆草栽葱蒜

重茬地建园，要保证留出1.5 m宽的树盘，新栽树两侧各覆盖一块70 cm左右的黑地膜（离树干不要太近）或者地布，提温杀菌，保墒利成活。树行内套种2~3年豆科植物，每年的植物不要收获种子，采取刈割的方式覆盖在树盘上（树盘上盖黑地膜或地布的可在当年的6~7月去掉）。树行中间种植绿肥时，要撒施十二菌生物菌肥、生物有机肥后深翻，以利行间作物和果树根系生长。树盘内栽植大蒜大葱，可抑制土壤有害菌的侵染危害（图6-6）。

图6-6　果树树盘种大蒜

（五）苗木栽植时消毒处理

苗木栽植前，需要用50%多菌灵可湿性粉剂600倍液+3%井冈霉苷素水剂300倍液浸泡5 min，然后将根系用生根粉溶液蘸根，再进行栽植，这样可以有效杀灭苗木所带病菌，提高成活率，有利于定植后健壮生长。

第七章 烟富8省力化高效栽培技术及果园机械化

导语：烟富8省力化栽培，主要采取矮化密植、生草栽培、水肥一体化、病虫害综合防治、简化修剪，配套利用机械设施等进行果园高效栽培管理，达到省工省力，实现果树高产优质高效的目的。

第一节　烟富8省力化高效栽培技术

一、建园前需要准备的工作

选择无污染的壤土或轻沙壤土、有水浇条件、土壤 pH 6.0～7.5 的地块建园；按照水、电、路、防护林相配套原则，统筹做好园区规划；苗木选择矮化自根砧带分枝大苗，株行距为（0.8～1.5）m×（3.5～4.0）m，实行矮化密植建园。

二、苗木栽植

（一）苗木处理

栽植前对苗木的砧木、品种进行审核、登记和标识后，将检疫合格的苗木选苗分级，再对苗木嫁接口的塑料绑条进行清除，然后将苗木整株用清水（最好流水）浸泡 24～48 h，让苗木吸足水。浸泡后再将苗木放入 50% 多菌灵可湿性粉剂 500 倍液和适当浓度的生根粉配成的溶液中浸泡消毒 5～10 s，然后栽植。

（二）栽植技术

春季土壤解冻后至萌芽前栽植。在垄畦中间挖穴定植，栽植深度以矮化自根砧苗木嫁接口离地面 10～15 cm 为宜，苗木放入栽植穴后，要将根系全部伸展开，再培土。培土至一半左右时，将苗木轻轻向上一提，使根系伸展，轻踏使根与土密切接触，然后继续培土至起苗土印处，栽后踏实并及时浇水，注意不能踏踩离中心干过近区域，避免损伤根系，浇水后覆膜保墒。

（三）支架设置

苗木栽植后要设立支架。支架材料有水泥柱、竹竿、铁丝等。顺行向每隔 10～15 m 设立 1 根高 4 m 左右的钢筋混凝土立柱，上面拉 3～5 道铁丝，间距 60～80 cm。每株树设立一根高 4 m 左右的竹竿或木杆，并固定在铁丝上，再将幼树主干绑缚其上。

（四）栽后管理

苗木栽植后要确保浇灌 3 次水，即栽后立即灌水，之后每隔 7 ~ 10 d 灌水 1 次，连灌 2 次，以后视天气情况浇水促长。6 ~ 8 月进行 2 ~ 4 次追肥，前期每次每株施尿素或磷酸二铵 50 g，后期适当增加磷、钾肥。9 月以后要适当控肥控水，促进枝条充实。及时进行整形修剪和病虫害防治。

三、树体培养

（一）高纺锤形

适用于株距 1.2 m 以内的果园。干高 0.8 ~ 1.0 m，树高 3.2 ~ 3.5 m，中干上直接着生 25 ~ 40 个侧枝，呈单轴延伸，无永久性结果枝。侧枝基部直径不超过着生部位中干直径的 1/3，长度 60 ~ 90 cm，角度大于 110°。

（二）倒挂式塔松形

适用于株距 1.0 ~ 2.0 m 的果园。干高 0.8 m，树高 3.0 ~ 3.5 m，中干上着生 20 ~ 35 个侧枝。侧枝基部直径小于着生部位中干直径的 1/3，长度 100 ~ 120 cm，根据密度定枝长，根据枝长定拉枝时间与枝的间距。根据树势定角度，树势弱可将枝的角度放小，树势强则可将枝的角度加大，角度一般100° ~ 130°，从下往上，角度依次加大。保持中心干强壮直立，3 年内达到树体高度，基本完成整形（图7-1）。

图 7-1　第三年倒挂式塔松形树形

四、果园生草

（一）自然生草

不对果园行间中耕除草，及时拔除豚草、藜、苋菜、苘麻、葎草、田旋花等恶性杂草，保留马唐、狗尾草、稗草、蒲公英、马齿苋等野生杂草。

（二）人工生草

可选择的人工生草品种有鼠茅草、黑麦草、三叶草、紫花苜蓿、早熟禾等（图 7-2）。草长至高 30 ~ 40 cm 时，实行机械刈割。鼠茅草 6 月以后，自然干枯，不用割。

图 7-2　行间人工种植鼠茅草

五、施肥及水肥一体化

（一）秋施基肥

秋施基肥时间在 9 月中旬至 10 月上旬。施肥种类以有机肥为主，配合适量化肥。有机肥包括充分腐熟的人粪尿、堆肥、厩肥、沤肥等，提倡使用商品生物有机肥，化肥以氮磷钾单质或复合肥为主，配合使用中微量元素肥料。施肥数量根据土壤肥力、树势树龄、产量灵活掌握，一般幼龄果园每亩施优质有机肥 1 000 kg，商品生物有机肥 200 ~ 400 kg，成龄果园中等肥力水平下按照斤果斤肥施入有机肥，或每亩施生物有机肥 500 ~ 800 kg。酸化土壤，每亩施入硅钙镁肥或牡蛎壳粉 100 ~ 200 kg。施肥方法，在树冠投影内沿行向挖 20 ~ 30 cm 深施肥沟，将有机肥、化肥与土拌匀后均匀施入施肥沟内，并及时浇水。

（二）水肥一体化

在果园滴灌或微喷灌系统加装施肥装置即实现水肥一体化。每行铺设 2 根滴灌管（图 7-3），滴灌管铺设于果树两侧地面。灌水频率和灌水量与果树吸收、田间蒸发和土壤质地、土壤墒情等因素密切相关，一般田间相对持水量低于 60% 就要灌溉。施肥按照少量多次的原则进行，肥料选择上一定要选择专用水溶性肥料或液体肥料，并考虑之间的相容性。

图 7-3　每行铺设 2 根滴灌管

六、花果管理

（一）促进坐果

1. **人工点授**　粗制花粉：花粉与滑石粉或淀粉比例为 1∶5。充分混合后，于未受冻花开放当天用海绵球或毛笔蘸少许花粉轻点雌蕊柱头。

2. **喷花粉液**　精制花粉：每 15 kg 水加入硼砂 15 g，白糖 500 g，精粉 20 g。充分混匀后，于未受冻花开放当天喷洒，现配现用。先将水和糖搅拌均匀，加入尿素配成糖尿液，然后加入溶化的硼砂和花粉，配成的花粉液在 2 h 内用完。

3. **花期放蜂**　花期放蜂包括壁蜂和蜜蜂，释放时间为初花前 3 ~ 5 d，壁蜂每亩释放 200 ~ 300 头，蜜蜂每 2 000 ~ 3 000 m² 释放 1 箱（图 7-4、图 7-5）。放蜂期间严禁使用化学农药。

图 7-4　壁蜂蜂箱　　　　　　　　　　图 7-5　壁蜂授粉

（二）调控负载量

1. **花前复剪**　花前复剪在花芽萌动后至盛花前进行，一般壮树花枝和叶枝比为 1∶3，弱树花枝和叶枝比为 1∶4。

2. **疏花（蕾）**　疏花疏蕾在铃铛花期至盛花期进行，常用间距法，根据品种在 15 ~ 20 cm、20 ~ 25 cm 等不同距离留花序 2 ~ 3 个，每花序只保留 1 个中心花，边花全部疏除。化学疏花，必须在试验成功的基础上严格操作。

3. **疏（定）果**　花后 2 周开始疏（定）果，30 d 内完成，留单果、留端正高桩果，留下垂果，多留壮枝果。不留果形不正的伤残果和背上朝天果。一般果间距为 20 ~ 30 cm。提倡化学疏果，必须在试验成功的基础上严格操作。

（三）果实套袋

1. **果袋选择**　黄色和绿色品种选用单层透光纸袋，红色品种选用内袋为红色或外灰内黑的双层遮光纸袋。

2. **套袋**　谢花后 30 d 左右开始，2 周内完成。套袋前 3 d 全园细致喷一遍杀虫杀菌剂。

3. **摘袋**　采前 20 ~ 25 d 去除果袋，先摘除外袋，间隔 5 ~ 7 d 再摘除内袋。避开午间日光最强时段，防止日灼。

七、病虫害综合防治

（一）农业防治

加强土肥水管理，强壮树势，提高树体自身抗病虫能力。及时清理、深埋果园的病枝病果及落叶，降低病虫基数，创造不利于病原物侵染和害虫繁殖的环境条件，减轻病虫危害。

（二）物理和生物防治

设置太阳能杀虫灯，诱杀害虫；定时定量挂置粘虫板，捕杀害虫；害虫成虫发生期，在果园设置糖醋盆诱杀害虫；秋后在树干上绑草把，诱杀越冬害虫；落叶前树干涂白。

通过果园生草、覆草，保育利用草蛉、小黑花蝽、捕食螨、松毛虫赤眼蜂、桃小甲腹茧蜂、瓢虫、跳小蜂、姬小蜂等天敌种群；果园挂性诱剂捕杀和干扰交配，控制桃小食心虫、苹小卷叶蛾、金纹细蛾、苹果褐卷叶蛾、梨小食心虫、桃蛀螟、桃潜蛾等害虫危害；利用微生物农药、植物源农药、农用抗生素等杀菌和杀虫。

（三）化学防治

根据防治对象的生物学特性和危害特点，选择高效、低毒、低残留对症农药，禁止使用剧毒、高毒、高残留农药。苹果免袋栽培病虫害防治要重点关注"二病四虫"（轮纹病、赤星病、桃小食心虫、梨小食心虫、棉铃虫、绿盲蝽）的发生，尤其是轮纹病和桃小食心虫的防治。花后幼果期至7月农药剂型应避免使用乳油制剂，多选用悬浮剂、水分散粒剂等安全剂型。

八、果园机械

在采用水肥一体化的基础上，尽可能多地采用机械来代替人工作业，包括机械开沟施肥、树体修剪、以及使用弥雾机、割草机、旋耕机、采收机械等。有条件的果园，安装物联网设施，实现果园智能化、自动化和精细化管理。

九、防灾减灾

（一）越冬冻害

控制越冬期间因温度骤降或超常低温引起的冻害，7月开始减少氮肥的使用量，增加钾肥的使用量，

8月底停止氮肥使用，追施磷、钾肥，控水控肥抑制幼树营养生长。9月配合病虫防治加喷含腐殖酸水溶肥料以控制秋梢生长，增加幼树储藏营养水平，提高枝条成熟度，增强御寒防冻能力；通过浇封冻水、覆草、落叶前喷肥、涂白、培土、喷药、缠主干等措施防止越冬冻害。

（二）霜冻冻害

控制苹果萌芽至幼果期间遭受的晚霜冻害：一是在萌芽后至开花前果园灌水或喷水（图7-6），延迟萌芽和花期，规避晚霜危害；二是根据天气预报，在霜冻来临前，及时采取喷叶面肥、吹风、果园熏烟等措施。

图7-6 花期喷水预防霜冻

（三）霜冻补救

遭受晚霜危害的果园，及时喷施植物激素（如芸薹素内酯）和营养液（含腐殖酸水溶肥料），进行人工授粉，暂停疏果直至确认满足产量要求后再进行。同时要加强肥水管理和病虫害防治，恢复树势。

（四）鸟害、虫害、日灼和大风灾害

提倡在果园顶部和周边安装集防鸟、防虫、防风、防雹、防日灼于一体的覆盖网（图7-7），在苹果生长季节内，全天候覆盖。遭受冰雹或风暴灾的果园，及时剪除重伤枝，处理脱落果，喷施杀菌剂和植物生长调节剂，并进行叶面喷肥。

图7-7 网室防冰雹、防鸟、防日灼等

第二节　果园机械化

　　果园机械化是苹果产业现代化的重要组成部分，也是省力化栽培一项重要措施。随着苹果产业的进一步发展，我国果树产业新旧动能转换日新月异，果园管理不断转型升级，果园机械化将日益成为推动苹果产业发展的重要力量。

　　传统的果业生产属于劳动密集型产业，存在劳动效率低、生产成本高等问题，随着社会发展，现在的果业发展出现劳动力短缺等问题。果园的土肥水管理、疏花疏果、整形修剪、病虫害防治、灾害防控、果实采收和包装运输等环节都可实现机械化。省工、省力、优质、高产是农业发展的核心追求，"高产、优质、高效、生态、安全"的现代化果业生产，迫切需要提高果园机械化水平。实现果园机械化、省力化、简单化管理，是苹果生产提质增效、持续发展的必经之路。

一、果园机械的应用

（一）果园机械化的发展历程

　　据路超等介绍，我国果园机械研发起步较晚、应用时间较短。20 世纪 50 年代开始推广使用手动喷雾器，60 年代中期开始发展动力喷雾机，70 年代后，在引进国外机械的同时，陆续研制成功果园中耕除草机、液压剪枝升降平台、果园风送喷雾机以及果品收获机、果品分级清选机等。2004 年以来，果园机械研发有了长足的进步，目前已经研发出开沟机、挖坑机、埋藤防寒机、割草机、碎草机、偏置式深松振动化肥施肥机、仿形剪梢机、悬挂式液压仿形疏花疏果机、苹果采摘机器人的末端执行器、高效精细弥雾机、高架长页片防霜机、防寒土清除机、有机肥施肥系统、橡胶履带拖拉机等机械设备。

（二）欧美国家果园机械化

　　欧美以及日本等发达国家果园生产的机械化程度非常高，大部分果园的土肥水管理、疏花疏果、整形修剪、病虫害防治、灾害预防、果实采收和包装运输等环节都实现了机械化。例如，疏花疏果机械有美国的长齿耙盘装置和平行线玄疏花机，法国的手持电动疏花机，德国的疏花机等；美国、加拿大等生产的多种果实采收机械；法国研发出的利用生物散斑技术测量苹果成熟度的机械；美国研发出的螺旋桨式驱鸟风力机等。

（三）我国果园机械化

目前我国大部分果园依然是一家一户的传统经营模式，果园规模小、地势复杂、树种多样、机械作业空间小、标准化程度低，果园机械化基础差，果园郁闭，树干太矮，套袋、解袋及清耕除草等劳动力成本占果园生产成本的80%。劳动者多为老、弱、病、残、妇人群，青壮年多外出打工，苹果生产出现从业者年龄老化的现象。据王金政等2001年调查，山东省苹果园从事田间作业的果农：30 ～ 40岁占9.82%，41 ～ 50岁占42.86%，51 ～ 60岁占33.04%，61 ～ 70岁占13.39%，71 ～ 80岁占0.89%，其他各省也有类似的情况，果农老龄化相当严重。

矮化密植栽培是果园实现机械化的基础，尤其大面积规模化经营的果园，要具有以下特点：简，对工人有吸引力，操作平台友好；窄，3 ～ 5行法则，50 % 投影；达，操作平台友好；丰，目标留果80 ～ 90 t / hm²，以适合果园机械化。

二、果园机械的类型

（一）果园建设机械

1. 立柱机械 矮砧密植栽培中，立柱是一项重要工作。人工立柱，效率低、规范性差。立柱前，先用 GPS 定位打孔机打好孔，然后用立柱机械在打好的孔上立柱（图7-8），这样，立柱整齐规范。

2. 栽苗机械 2017年，烟台现代果业科学研究院在新疆喀什地区，协助生产建设兵团54团发展的万亩烟富8和神富6号苹果基地，因面积大，人手少，采用的就是用栽苗机械栽苗（图7-9）。

图7-8 立柱机械

（二）植保机械

20世纪70年代至90年代，果树喷药是以背带式、脚踏式喷雾器为主，随着果业生产的发展，喷施农药的工具也在不断地更新换代。由人工到采用动力喷雾器，发展到现在的新型风送式机动喷雾机等高端植保机械（图7-10、图7-11）。

风送式机动喷雾机操作简单，省工高效，其喷

图7-9 栽苗机栽苗

图7-10　风送式喷药机

图7-11　波尔图喷药机

药呈扇面形，只需在两行间行走，上下左右都可施药。靠输液泵的压力使药液雾化，再依靠风机产生强大的气流将雾滴吹送至果树的各个部位。风机的高速气流有助于雾滴穿透茂密的果树枝叶，所喷气流使雾滴二次雾化，湿而不流，雾化均匀，喷雾效果好，不伤花不伤果，可以风送至4～5 m的高度和距离，树叶的正面和背面喷洒很均匀，并能将药液送到树冠内腔不留死角，节水节药，达到最佳施药效果。每亩喷药时间只需十几分，亩用药水量100～200 kg，一天一台机器可喷26.7～33.3 hm²果园。广泛适用于现代化果园的喷药作业，省水、省药、省人工、高效。果园风送式机动喷雾机有悬挂式、牵引式和自走式等。

风送式机动喷雾机风机的高速气流将直径200～300 μm（中雾）的雾滴吹送到果树各个部位，提高药液附着率且不会损伤果树枝条和果实。

（三）果实采收机械

果实采收机械主要有小型采收车和机械采收平台（图7-12）。人员配好对，采果效率大大提高，也可使资本回报最大化。

（四）果园操作平台

规模化矮密苹果园，多采用矮冠树形，如细长纺锤形、松塔树形等。树高控制在2.8 m以下，站在果园操作平台上操作（图7-13），便于田间各种作业，并可保证人身安全。苹果疏果、定果、修剪、套袋、摘袋、采收和多功能网的收放等果园管理，利用平台车操作，亩用工量只有十几个，1个人可管几公顷果园。

图7-12 机械采收苹果平台

图7-13 果园操作平台机械

自走式操作平台液压升降，四轮驱动，四轮转向，自动行走，无级变速，转弯半径小，地形适应能力强。最高可升高2.5 m，平台最宽可展开至3 m，可容纳4~6人同时作业。配置气泵，可带气动剪刀修剪果树。平台上部作业平台具有纵向、横向平衡功能，方便丘陵、山区作业。前后带升降滚轮架，全液压驱动，操作灵活方便，稳定性好。

（五）割草机

现代果园栽培管理中，人们对地面杂草的认识已发生天翻地覆的变化，果园人工种草、自然生草和果园覆草的生草栽培，已成为果品高产优质和提质增效的基本措施之一。人工种草大多栽植高度较矮的鼠茅草、三叶草、油菜等。而自然生草栽培中，必须控制草的高度，以免影响果树的生长发育和果品产量和质量的提高。

人工割草劳动强度大，效果差，机械割草或碎草势在必行。简单的手扶拖拉机式割草机，轻便灵活。前置式割草机和后置式割草机（图7-14），可根据果园面积大小，灵活选配相应功率的拖拉机。

图7-14 后置式割草机

第八章　品质效益时代及苹果产业高质量发展创新途径

导语：在疫情中寻找新的生机，在变局中开出新局。坚持品质、落实品质，抓住机遇，赢得苹果产业高质量发展红利。最好的时代已经开始，只是很多人还没有察觉到方向。

乡村振兴，产业先行。苹果产业是很多地区的支柱产业，在农业供给侧结构性改革、农民致富奔小康、乡村振兴中具有举足轻重的作用。经过多年发展，我国已成为世界最大的苹果生产国，苹果种植面积和产量均占世界 50% 以上，居世界首位。尽管产量很高，单产却以 18 642 kg/hm² 的产量仅排在世界第 23 位。我国是世界苹果生产大国，但不是强国。

我国苹果产业的发展，要适应国内外苹果产业发展趋势和消费升级的要求，以推进乡村振兴、产业兴旺为核心，以供给侧结构性改革为主线，按照"区域化发展、集约化栽培、品牌化营销"的思路，着力构建现代苹果产业体系、质量保障体系、组织运营体系、市场营销体系、政策扶持体系，实现苹果产业高质量发展。

第一节　抓住品质　赢得时代红利

一、品质与产业发展

苹果产业，是乡村振兴的主要产业之一。目前，对苹果产业，要以提升每 0.5 kg 果品的单价，作为苹果产业可持续发展的努力方向，而要达到这个目的，最需要我们做的就是提升果品质量。生产安全健康有营养的果品，是解决苹果产业供给侧结构最有效的措施，也是扭转生产者从数量效益型向质量效益型思想方面的重大转变。

市场上，品质好的苹果供不应求，品质差的苹果供大于求。但很多从事苹果产业的种植者，还停留在简单生产数量阶段，更多的是追求产量，没有在质量方面做到安全生产甚至更谈不上营养生产，不能让消费者感觉到吃得健康和安全，那就很难产生更多的效益。

中国工程院院士陈坚说，"食品追求营养与健康，已经是必然选择；是预防疾病、应对老龄化、延长健康预期寿命，实现'健康中国'战略目标的坚实保障"。2020 年，由于疫情的影响，今后，人们对健康及对影响健康的食品质量更加重视，这是社会发展的大道，不以个人意志为转移。

只有品质好的果品，才能让购买者吃得健康，吃得安全，才能带来更可观的经济效益，这也给所有从事苹果产业的生产者提供了一条黄金道路。这条道路，走上来黄金万两；不走上来，终将被历史的车轮碾压。

二、品质与机遇

（一）消费升级，品质黄金时代来临

尽管 2020 年遇到了新冠肺炎疫情，但是整个社会的消费升级并没有停滞，消费升级依然是社会的主流。从大众消费人群到高净值人群，皆把购买优质食材作为消费常态。消费升级还体现在高质高价上。质量好的卖得贵，也卖得好，质量差的价格上不去，跌得非常多，销量也上不去。2020 年，苹果产业更是如此，质量差的苹果价格，同一规格，与质量好的相比，每 0.5 kg 能少卖 2 ~ 3 元，而且，品质好的，销售得既快又好。

（二）疫情带来的品质机遇

因疫情影响，进口商品出现了全球的供应链问题，高端市场出现了空白。以往，高端高质食品，我国都很多从国外进口，而现在，由于像欧美国家等，对疫情没有管控好，很多食品上检测出新冠肺炎病毒，以致这些国家的食品，我们无法进口，其中当然也包括了苹果。据统计，我国每年进口的水果达百亿多美元，在供应链中断的情况下，谁能够拥有这百亿级的市场，谁就拥有了巨大的市场发展空间。在疫情控制很好的情况下，我国的农产品受到国际追捧，国外他们曾经占有的高端农产品市场，因疫情几乎是被腾空了！这是抢占市场和消费者心智一个绝佳机会，这也给我们苹果产业带来了非常大的机遇。

（三）中欧地理标志互认，RCEP 协议的签订，也给我们高质产品出口带来了机遇

中欧地理标志互认，意味着我们以前崇拜的欧洲食品，现在已经和我国的优质食品是处在一个平级线上，我们不要小看自己，也不要高看欧洲，现在在我们两边对于地理标志产品是互认的，要把地理标志产品变成老百姓的心理标志产品。

RCEP 协议的签订，使中国和东盟形成了世界上最大的贸易区，并且接近 90% 是零关税，其中农业占比是非常大的。我们要利用国内大循环、国际国内双循环，利用 RCEP 将我们的苹果等农产品销售出去。

以上两个机遇带来的契机，说明白一点，就是一个地方的农产品仅局限在一个地方去销售，这是传统农业的行为；一个地方的农产品做到全国销售，就能够获得非常大的价值；一个地方的农产品，如果能够做到全球销售，所获得的价值可能是倍增的。

三、品质与思维的转变

（一）第一要"换脑"

很多生产者有没有考虑过品质与价值、品质与价格的关系。第一，价值 = 品质 ÷ 价格，这个公式说明，价值等于每一元钱人民币买到的品质指标。说"我的农产品价值比别人高"，高的是一元能买到的范围内，你的品质要比别人好。

第二，品质 = 商品品质 + 服务品质。我们很多的生产者非常在意商品品质，但是服务品质没有跟上去，包括供应链的建设。供应链要长期、稳定、可预期。

什么最能代表商品品质？口感和外观是很难量化的，新鲜也不能够完全代表商品品质，安全、健康最能代表商品品质。

（二）第二要换路

换路，一是，盲目追求规模的要变为追求品质；二是，盲目追求品牌的要变成无品质不品牌；三是，把片面追求品种变为因地制宜地科学管理，要有一个长久的品质思维。

（三）第三要换目标

要坚持做农产品品质头部企业。我们未来不一定要比量，但是一定要比品质龙头。在不同的地域生产，只要做好那个地域的品质龙头，就有充分的发展空间。

但是如果我们种同一个品种，在同一个水平，最后仅靠比大，用规模进行相互挤压，那就没有好的出路。如果大家都按照争做品质龙头的思路努力，从而形成更新的品类，更优的品质，更高的性价比，更大的品牌，那么，每个新农人都有一条黄金路可以走。

四、做好苹果产业品质发展对策

针对我国苹果产业存在的问题，在发展对策上，要求规模化发展、合作社化经营、分散化管理、品牌化销售；在管理模式上，要求专业化（技术统一）、机械化（栽培省力）、精细化（产品精细）、标准化（产品一致）、品牌化（地方特色）、目标化（订单农业）（图8-1）。同时，要把水果的安全生产、营养型生产作为取得高效益的基础和保证。

图8-1　苹果栽培新模式

坚守品质，相信时间的力量，让良心农人得到良心回报，重塑我国农业的价值与尊严。机会留给有准备的人，我们要看到这个时代赋予我们的难得的机遇。全球供应链中断，市场增长期出现，给了我们非常大的机会去抓牢消费者的心理。最好的时代已经开始，只是很多人还没有察觉到方向。在危机中寻求新机，在变局中开出新局，谁能坚持品质、落实品质，谁就能抓住机遇，赢得红利！

第二节　苹果产业高质量发展创新途径

一、我国苹果产业发展现状

（一）理念上的差异

目前全世界先进苹果产业的从业者，都把追求经济效益的最大化与资源的保护式利用、环境保护、节约能源、劳动者保护、质量安全等统筹科学规划、科学施工和科学运营。而我国除了近几年开始重视质量提高和质量安全外，整个产业各个环节唯一真正贯彻始终的就是经济效益，其余的与人类安全生活、可持续发展息息相关的许多重要环节多被忽略了。

（二）产业化水平低

相关的科研教学与生产技术推广部门，多数情况下，只从各自专业角度出发，提出相关的技术方案，很少有统筹全面的科学可行的方案，供从业者们在决策、施工和运营中使用，形成了目前的苹果产业实际上的有业无化的格局。

（三）种植模式落后

自 1871 年引进西洋苹果以来，开始时生产上大多采用乔砧稀植的种植模式，头 7 ~ 8 年土地利用率低，产出率更低，管理好时 11 ~ 12 年开始进入初盛果期，管理成本高，劳动强度大，生产效率低下，产品质量总体上较差。到了 20 世纪 80 年代中后期，创造开发出了苹果幼树早期丰产技术，实现了乔化、短枝型品种、矮化中间砧苹果树的 3 年开花，5 ~ 6 年丰产，推动了苹果产量和经济效益的大幅提高。最近几年，随着我国与欧洲、日本、美国交流的增多，已逐渐引进矮化自根砧的栽培模式。

（四）管理技术落后

整形修剪技术繁杂，劳动效率低。首先乔化稀植情况下推行的整形修剪技术，难以实现建造优质丰产树形和早实丰产的统一，且操作繁杂，不便掌握，果品产量不稳，质量参差不齐，不能机械作业，劳动强度大，劳动生产率低下。利用乔砧加人工与生物技术结合、短枝型品种的密植栽培，推行整形修剪技术，前期丰产可以实现，在进入盛果期后，容易产生严重的郁闭，通风透光差，从而严重影响果品产量和质量的稳定与提高，管理费事，不能机械作业，成本高。而利用矮化砧木作中间砧使用的密植园，由于选用的树形、整形修剪技术不对路，虽然前期能够实现早实丰产，但大多数都在成龄后趋向了乔化，产量和质量难以维持和改善，形成了跟乔砧人工矮化，利用短枝型品种矮化栽培的类似局面。

（五）盲目施肥，滥用农药

果农为了获得高产，在没有科学依据的情况下，盲目施肥，滥用农药。据调查测算，速效氮、磷、钾肥的年施用量达到了苹果生产先进国家的 3~8 倍，而有机肥的施用不足其 1/5，滥用农药现象十分普遍，造成了惊人的浪费和严重的化肥农药污染，给当代人和子孙后代的健康带来了严重的危害和威胁，而土壤肥力水平却逐年下降，板结酸化现象日趋严重，对农业的可持续发展和环境与食品的安全构成了重大的挑战。

（六）土肥水管理方式落后，机械化水平低

果园大多以清耕为主，人工和自然生草技术没有推广开，加快了土壤的贫瘠速度，造成土壤结构恶化，有机肥、化肥的集中穴施方式，降低了肥料的利用率。据有关专家研究，目前，果园速效氮的吸收利用率在 18%~21%，远低于肥料撒施的先进苹果生产国的水平，有 99% 的果园灌水仍然是大水漫灌，造成严重的水资源浪费，加重了土壤矿质养分的淋失，并造成生产成本的上升。在生产管理的全过程中，机械化水平低，大多数的操作靠人工，劳动强度大，效率低。目前先进苹果生产园每个劳力能管理 50~60 亩果园，而我国一个劳力仅能管 3~5 亩果园。

（七）品种培育和优质苗木繁育水平差

优质良种的培育是我国苹果产业的短板，虽然从 20 世纪 70 年代以来，通过芽变选种的方法，成功选育出了一批优良品种，但从本质上讲，也只是对原品种某些经济性状的优化改良，因此，苹果品种更新，实际上一直在依靠国外，并且同一个品种多名，乱起名的现象时有发生。优质苗木的繁育体系和认证体系根本没有，乱育苗，乱定苗木等级，苗木质量低下的现象十分普遍，成为制约生产者效益的主要瓶颈之一。

（八）基层服务体系瓦解，技术服务严重缺失

随着家庭联产承包责任制长期不变的基本国策的落实，果农分散自主经营各自土地将保持长时期的稳定，加上其经营多样性的影响，迫切需要政府给其提供涵盖生产经营全过程的技术、信息的服务。而由于众所周知的原因，目前，果树技术服务体系，除了市、县两级尚能发挥其作用外，乡、村两级早已基本瓦解。解决对农民技术服务"最后一公里"的问题，仅是挂在嘴上，导致农药、化肥经销商成为给基层农民种植管理果树提供技术方案和方法的主体，对化学肥料的盲目施用，滥用农药产生了重大的推动作用。

二、苹果产业高质量发展创新举措

（一）加快技术创新

加快改革传统栽培模式，集成创新省工省力、优质高效的现代集约轻简化栽培模式。研究有机肥替代化肥、提高质量保证产量技术，全面推广果园生草、树盘覆盖等措施，推进沼渣、沼液和农业残留物在果园的资源化利用，优化果园生态环境。开展抗重茬砧木和生物菌剂筛选，克服连作障碍。创新病虫害绿色防控技术，开展天敌自然涵养、内生拮抗菌及植物提取液控害技术研究，实施农业、物理、生物和化学方式相结合的综合防治措施。加强气象观测及灾害性天气预警，推动主动避灾。

（二）建立规范化优质苗木繁育基地

良种壮苗是苹果优质丰产最重要的基石，应借鉴国外的经验，建立起砧木资源圃、采穗圃、良种繁育圃配套的规范化繁育基地（图8-2）；所用砧木和品种都应事先进行脱毒，并定期检测，确保苗木无毒。在此基础上创立自主品牌，苗木出圃时有商标、地址、品种、规格等方面的标签。同时要坚决杜绝重茬育苗，砧木繁育圃、采穗圃、良种繁育苗圃做好圃内病虫害防治，达到无病虫害苗木出圃。政府要对苹果苗木繁育实行许可证制度，以规范苗木市场。

图8-2　烟富8矮化自根砧带分枝大苗繁育圃

（三）推广新的种植模式

利用矮化砧木嫁接优良品种，配套立柱、支架、肥水一体化设施，实现苹果密植栽培（图8-3），是全世界先进苹果生产者广泛采用的种植模式，具有通风透光好，产量高，质量好，劳动强度低，生产率高，管理方便，便于机械化管理和更新，无重茬障碍等诸多优点。凡是有水源和条件能够配套肥水一体化的土壤经过改良或局部改良都应该实行矮化密植栽培。平坡地栽植时，提倡起底部宽1 m，高30～40 cm的垄，然后垄上做畦；丘陵山地，提倡梯改坡。

图8-3　立柱支架密植栽培苹果园

水源不足或者不能配套肥水一体化的土地，可以利用矮化中间砧苗木建园，但必须对整形修剪技术做根本性的变革，原因是这种栽培模式是乔化栽培向矮化栽培过渡的一个中间类型，管理技术稍有差池，特别是整形修剪方法不得当就会使树体乔化。

基本没有水源保证的山岭薄地仍然可实行乔砧栽培，也必须对整形修剪技术做根本性的变革，以实现早果丰产并为相对的管理方便和持续的丰产优质奠定基础。

（四）推广新的整形修剪技术

自然界中的任何一种生物就其生命本身的意义而言一生中只有两项任务：一是营养生长建造和维持自身生命；二是生殖生长繁衍后代延续物种。苹果树的整形修剪是为了建造有利于优质丰产的树体结构，调节营养生长和生殖生长的平衡，尽可能多得获得高质量的果实。矮化自根砧果树应选用高纺锤形（图8-4）或倒挂式塔松形，壮苗建园的1～2年生树，要基本完成整形。矮化中间砧果树应选用自由纺锤形，3年内基本完成整形。乔化砧果树应选用倒挂式松塔形，4年内基本完成整形。

图8-4　高纺锤形树形

（五）更新土肥水管理方式

推行果园行间自然或人工生草，定期刈割，覆盖树冠下土壤，以改善土壤结构、提高肥力，减少土壤水分、温度变化梯度；有机肥料以采果后或春季地面撒施，化学肥料的使用要以土壤和叶营养诊断为依据，确定施肥量和施肥的种类，坚持少量多次，配套肥水一体化的果园，施肥与浇水同时进行，没有肥水一体化设备的，在降雨或浇水前地面撒施，同时应根据需要做好根外补肥。单纯灌溉，提倡滴管、喷灌和微喷方式。

（六）抓好现有果园的技术改造

1. **加强果园土壤生态系统的改良与优化**　苹果树生长的土壤内部是一个复杂的生态体系，由于苹果树的多年生，其代谢物中毒素的累积和有害线虫以及人们耕作与施肥的影响，导致生态系统不断恶化，从而影响树体的发育和果品质量与产量及其经济寿命。因此，在保证有机肥足量的情况下，采用国内外已有的有效技术，做好土壤生态系统的改良与优化，并提高 pH 值。

2. **加速郁闭果园改造，及早解决果园光照不足问题**　调查表明，优质苹果园生长季平均亩枝量为9.2万条，透光度22.8%。但绝大多数果园处于不同程度的郁闭状态，枝量过大，透光度太差，既严重降低果实品质，又极不便果园管理。对苹果郁闭园改造进度已成为制约当前苹果提质的最突出问题之一。具体改造措施是：对亩栽90株以上，树势旺、抱头生长的园片，以间伐为主，所留下的单株实行拉枝开角；对亩栽 90 株以下的过密园片，可采取疏大留小、疏下留上、疏老留新的方法，改造成自由纺锤形。

3. 实行病虫害无害化防治　在防治病虫害过程中，减少化学农药用量，保护生态环境，保证苹果果实的食品卫生标准达到国际水平。应重点抓好以下措施：抓好病虫害的预测预报；增加果实套袋数量；果园安装频振式杀虫灯；采用生物防治技术；科学合理使用农药，重点推广应用生物源和矿物源农药，尽可能地少用或不用化学农药（含除草剂）。

（七）抓好老果园更新

老果园更新，主要推行轮作倒茬的方法，一般要求是将原有的老果园伐除后种植粮油作物或牧草，3 年后再建成矮化密植苹果园。老龄果园的改造，栽植脱毒苹果苗木也是解决重茬问题较好措施之一。目前，欧美发达国家都是栽植脱毒苹果苗木，而我国在这方面还比较滞后。

（八）加强人才培训和服务体系建设

社会的发展，人类自身的进步和事业的成功都离不开人才。培养具有现代意识和能力的苹果产业化各方面的人才，是苹果产业化发展成败的关键，要采取大专院校培养，出国深造升级等方法培养一批高、精、尖的科技人才。同时要做好当班果树科技推广人才和果农的培训（图 8-5），在重视人才培训的同时，要抓好各级果树服务体系建设。

图 8-5　烟台现代果业科学研究院把培训课堂建在果园里

（九）考察国外苹果管理先进技术

1. 到英国考察东茂林科研所　英国东茂林科研所是世界上较为先进的果树科研机构，很多苹果砧木和技术来自这家研究所。隋秀奇院长在莱阳农学院（现为青岛农业大学）读书时，当时的专业老师、在英国曾作为访问学者的戴洪义教授和学生们讲，毕业后有机会要走出去看看，如，到英国东茂林科研所，这是一家世界上对苹果研究比较先进的果树科研机构。2005年，隋秀奇院长到英国光合公司考察，向英方提出参观一下英国东茂林科研所（图8-6），同时，考察了WORLD苹果园（图8-7）。

图8-6　隋秀奇院长考察英国东茂林科研所

图 8-7　隋秀奇等人考察英国 WORLD 苹果园

2. **到意大利考察苹果栽培模式及可尼圃苗木生产技术**　2019 年 6 月，我们一行三人，来到意大利 GRIBA 公司，学习苹果矮化栽培技术（图 8-8），同时，考察 GRIBA 公司苹果带分枝大苗生产技术（图 8-9）。

图 8-8　隋秀奇等人考察 GRIBA 公司苹果矮化栽培技术

图 8-9　隋秀奇等人到 GRIBA 公司可尼圃苗木基地考察

3. 到荷兰考察压条繁育矮化自根砧苗木　荷兰是苗木脱毒技术较先进的国家之一，也是苹果苗木生产大国。2019 年 7 月，我们到荷兰考察压条繁育自根砧苗木。分别对矮化自根砧 M_9T_{337}（图 8-10）和抗冻砧木 B_9（图 8-11）压条生产进行了考察学习。

图 8-10　隋秀奇等人在荷兰考察压条繁育 M_9T_{337} 砧木　　　图 8-11　隋秀奇等人在荷兰考察压条繁育抗冻砧木 B_9

4. 到日本青森县考察苹果生产技术　日本是世界上苹果生产较先进的国家之一。2018 年 10 月，苹果成熟期，烟台现代果业科学研究院杨增生、武成伟老师一行（图 8-12），到日本青森县红果园考察，了解优质果品的生产技术和优良品种。

青森县的苹果产量及种植面积在日本一直居第一位。早在2012 年，其产量就达到 44.6 万 t，约占日本全国产量的 56%，且栽培面积达 21 400 hm^2（2012 年）。青森的每一种苹果都有自己独特的风味与特色。除了平时大家所熟知的富士苹果，青森还有夏绿、黄王、世界一号等约 40 个苹果品种。

青森苹果不仅产量高，品质也是一流。青森县把苹果产业做得十分透彻，是世界上知名的苹果旅游胜地。

图 8-12　杨增生等人在日本青森县考察

跋

"好雨知时节，当春乃发生"！2019年春节，天还没有亮便接到了隋秀奇院长的电话。除拜年外，说应我国唯一一家以"农民"命名的出版社——中原农民出版社之邀，拟出版一本《烟富8（神富一号）苹果及配套生产技术》的书，在定稿前，想请我把一下关并对此书做出评价。我欣然接受。

苹果是世界四大水果之一，其总产量在柑橘、香蕉和葡萄之后，居第四位。近二十年以来，国内外苹果业蓬勃发展，新品种层出不穷，栽培技术不断更新，苹果总产、单产稳定增长，质量明显提高，加工、储藏业也有长足进步，这些新技术、新品种、新装备、新经验值得总结、学习和普及，以推动果业可持续发展。我国是世界苹果生产和消费大国，对世界苹果生产的贡献率达84%，但不是苹果生产强国，产业形势不容乐观。为了追赶世界先进水平，进一步提高我国苹果园劳动生产率和产品国际竞争力，烟台现代果业科学研究院集诸位专家的智慧，编成此书，让苹果业界人士共享，这应该是一件值得庆幸的事，愿它成为推动我国苹果业迅猛发展的助推器。

苹果在支撑国家食物安全——果篮子上做出的巨大贡献，使得这一产业在创新发展的今天越来越焕发出了青春的活力！在当前汹涌澎湃的改革大潮中，中国的苹果人在辛勤地耕耘着，在科学与生产领域，既育出了大量的优良品种，也探索试验出来了配套生产技术；在学术领域，既出版了上得了庙堂如洪钟大吕般的鸿篇巨制，如《苹果栽培学》《当代苹果》等，也有入得了江湖，浅吟低唱的"小令"、"绝句"，如《精品苹果生产技术》《一本书明白苹果速丰高效生产技术》等，点缀着苹果文献的百花园！百花齐放需要的是姹紫嫣红，百花争艳！千篇一律，千人一面，何来繁荣！而百家争鸣贵在一个争字上，争先恐后是争，是向前向上，是比拼，是攀登！也应该包含争论或争议。相左的观点、意见、言辞，可相互砥砺，互补长短，甚至警示！在苹果的科研生态中，我们希冀这种局面并且身体力行为之添砖加瓦！所以在本书孕育伊始，就力求撷取当今苹果产业中急需的技术层面上的重点，把真正在苹果行业实践中凝练出的硬核汇集起来，希望能为探索者们提供些许参考。我国地域辽阔，生态多样，各地重点发展的品种不尽相同，套用一地一种的模式肯定不行！适地适种，在千变万化中找出不变的规律，从而驾驭生产，是因地制宜的核心。

一、隋秀奇其人

认识隋秀奇先生是受邀参观他育成的苹果新品种烟富8，我们结的是苹果缘。经过长达近十年的接触，我对隋先生人生历程也逐渐有了一些了解。隋先生结缘果业几十载，崇尚科学，诚实守信，不舍不弃，无怨无悔。从隋先生身上体现出的平凡之中的伟大追求，平静之中的满腔热血，平常之中的极强烈责任感，催人奋进，令人鼓舞，使人启迪，诱人深思……

1992年7月，大学毕业时，由于隋先生表现优秀，被威海市组织部选为培养党政干部，但出于对专业的爱好，他选择了到烟台市果树科学研究所工作。1995年，作为烟台苹果发源地的一所地市级果树研究机构，却面临着发不下工资难以为继的窘境。作为一所科研部门出现这种情况，当时给他很大震动，隋先生告诉我说，他当时就想，将来一定要创建一个民办科研院所，通过科研和技术创造效益，做成一流的科研院所。1995年开始，烟台市果树科学研究所提倡科研人员下海搞实体，由于停发工资，他也随着这个大浪，下海了。

1998年，他创立了烟台北方果蔬有限公司，主要从事农资经营和技术服务。尽管1999年，烟台市果树所和烟台市农科所合并，成立烟台市农业科学研究院（简称农科院）。农科院问他是否愿意回单位上班，当时，怀揣成立自己研究所的梦想，他拒绝了回单位上班，一心扑在自己的事业上。就这样，通过在市场上8年多的摸爬滚打，他不但有了一定资金的原始积累，还对苹果产业管理模式落后，品种老化，技术更新慢等诸多问题，有了更深层次的了解。由于他的技术营销模式和供销社等农资部门坐门等客的营销理念不同，所以，销售收入逐年提升。到2006年，他的公司已小有名气。但他不满足于一买一卖的简单重复，这与他的初衷是不相符的，他的梦想是要拥有自己的科研院所。

2007年，他舍弃了原来的公司，独创了烟台现代果业科学研究所，2014年撤所建院，成立烟台现代果业科学研究院，专注于果树新品种的选育、苗木繁育及果树技术研究与推广。2015年成立烟台现代果业发展有限公司，将研究院纳入公司，成为公司的研发机构。

目前，公司已选育出苹果品种4个，大樱桃品种4个，桃品种4个，其中苹果品种均已通过农业农村部品种登记，3个苹果品种获植物新品种权。

与时俱进，跟上趋势。2014年，隋先生还创新成立了果业通网络平台，每周三定期邀请专家做客果业通讲堂，为果农答疑解惑、网上授课及和网友互动，果农听众逾10万之众，被果农誉为最接地气的农业类网络平台。

截至目前，公司已发展成集新品种选育、果树科研与推广、苗木繁育销售、配套农资服务、网络新媒体为一体的综合性公司。

二、隋秀奇其事

隋先生与他带领的团队，对所从事的工作或行业，不但做到了创新、睿智、敬业、坚守与突破，具有前瞻性；而且专业、专注、精益求精，用工匠精神，做到了极致。

隋先生的公司和研究院，实行育、繁、推一体化战略，推广的品种主要是自主选育的苹果品种，同时开展配套技术的研究，实现了良种、良砧、良法的配套。他们拥有自主知识产权的3个优良苹果品种，在民营的果树行业企业中，是首屈一指的。如烟富8，果形好，着色好，上色速度快，表光亮，品质优、耐储藏，特别是不用铺反光膜，这就避免了反光膜引起的环境污染，节约了成本。

烟富8这个品种，根据笔者多年的考察，不论是烟台现代果业的示范园，还是不同地区普通果农的果园；不论是专家学者的介绍，还是从事苹果购销的果商评判，烟富8都不愧为当今红富士中的佼佼者。笔者从事苹果生产、科研半个多世纪以来，还没有遇到比该品种更好的新品种。所以，笔者建议在红富士苹果生产适栽区，积极引种栽培这一新品种，并将该品种作为我国苹果品种更新换代的首选品种。

苗木组培脱毒，是现代苹果栽培的重要标志。无毒苹果苗对保持苹果种性，保持苹果品质风味，提高苹果抗逆性和整齐度，提高产量，具有重要意义。隋先生是首位提出品种和砧木双脱毒的领军人物，如八棱海棠砧木，现行都是种子繁殖，M_9T_{337}矮化砧木，都是采用压条繁殖，他率部实现砧木的脱毒组培工厂化生产，这在全国是绝无仅有的。对M_9T_{337}矮化砧木，即使在欧洲等发达国家，也未实现组培脱毒的工厂化生产。

三、隋秀奇从事的苹果产业

"雄关漫道真如铁，而今迈步从头越。"一个领域的雄起，要靠大家共同努力，共同滋养，共同呵护！更希望更多的年轻一代投身其中，在完善学科体系的同时锻炼自我，完善自我。使之成为自立于世界苹果学科之林的参天大树。"合抱之木，生于毫末，九层之台，起于垒土。"苹果产业链上的育种学及栽培学，包含着古老的珍贵传承与洋为中用，流淌着全新的现代理论和技艺的血液。如何把植根于博大精深的苹果产业这片肥田沃土，又汲取着国际科学视野新鲜空气的新学科，从大处着眼，从细微入手，从点滴做起，使之苗壮成长，至善至美，是苹果人共同的梦想！一个新的生命即将诞生，但这又是一个新征程的开始！"大鹏一日同风起，扶摇直上九万里"，在当前苹果产业振兴与发展迎来天时、地利、人和的历史机遇期，让我们乘新时代的东风，腾飞吧！

四、隋秀奇主编的这本书

1. 实事求是 该书注重让事实说话，用专家的观察结果、试验数据及评论说明问题；用果园参观者竖起的大拇指，展示烟富8品种的优良特性；用烟富8品种在各地试栽果园的表现，让你信服烟富8的适应性、抗逆性、丰产性。

2. 一目了然 这是一本针对烟富8品种的特征特性，在生产实践中总结出来的真知灼见。全书插入精美图片数百幅，都是新拍摄的烟富8苹果品种的长势长相及生产管理过程，真实、新颖、可靠。内容从品种、育苗到建园；从栽培到植保；从产前到产后；从园内到园外；让你一览无余，美不胜收，大开眼界。

3. 实用性强 本书介绍的技术、装备均来自烟台现代果业科学研究院针对烟富8品种的生产实践。如采用在主干上直接着生大角度下垂结果枝的倒挂式塔松树形，在很大程度上简化了整形修剪程序，减少了冠内无效空间，增加了光照通透性，不单单增加产量，更为提高果品质量创造了条件，更适合于果园机械化管理；倒挂式塔松树形整形修剪法，可使修剪速度提高2~3倍；采用果园机械化，可使劳动生产效率提高几倍至十几倍。即是解决我国当前果园劳动力紧张的较好办法，也是实现果树栽培轻简化的有效途径。

我希望该书早日出版发行，为果农造福！期盼中的有感而发，权作跋。

中国农科院果树研究所 汪景彦

2020.02